我的葡萄酒生活提案

LE VIN C'EST PAS SORCIER

★★完整典藏版★★

隆重增訂・愛酒初學者的最佳選擇

歐菲莉・奈曼 Ophélie Neiman 著

亞尼斯・瓦盧西克斯 Yannis Varoutsikos 繪

suncolor
三采文化

歐菲莉：

感謝皮耶・桂格及我摯愛的父親，謝謝你們好心又認真的審閱。

亞尼斯：

特別感謝我未來的太太安娜羅兒的支持，幫助我完成這了不起的作品。
感謝歐菲莉用直率幽默的文字，增長了我的葡萄酒知識。
感謝菲尼・德拉哈耶和埃馬紐爾・瓦盧的專業指導。

謝謝大家！

國家圖書館出版品預行編目資料

我 的 葡 萄 酒 生 活 提 案 / 歐 菲 莉 ・ 奈 曼（Ophélie
Neiman）著； 葉姿伶, 聶汎勳, 陳定鑫, 張彩純, 廖
子萱, 林惠敏 譯 . -- 二版 . -- 臺北市：三采文化，
2022.10
面： 公分 . --（好日好食：60）
譯自：LE VIN C,EST PAS SORCIER
ISBN 978-957-658-908-9(平裝)

1.CST: 葡萄酒 2.CST: 品酒
463.814　　　　　　　　　　　　　　　111011819

sun color
三采文化集團

好日好食 60

我的葡萄酒生活提案

【全新改訂增修 完整典藏版】

作者｜歐菲莉・奈曼（Ophélie Neiman）
繪者｜亞尼斯・瓦盧西克斯（Yannis Varoutsikos）　　翻譯｜葉姿伶、聶汎勳、陳定鑫、張彩純、廖子萱、林惠敏
責任編輯｜吳愉萱、喬郁珊　校對｜陳正益　版權負責｜杜曉涵
美術主編｜藍秀婷　封面設計｜池婉珊　內頁排版｜陳佩君

發行人｜張輝明　總編輯長｜曾雅青　發行所｜三采文化股份有限公司
地址｜台北市內湖區瑞光路 513 巷 33 號 8 樓
傳訊｜TEL:8797-1234　FAX:8797-1688　網址｜www.suncolor.com.tw
郵政劃撥｜帳號：14319060　戶名：三采文化股份有限公司
初版發行｜2022 年 10 月 7 日（二版）　定價｜NT$800
　3刷｜2024 年 8 月 10 日

目錄

茱莉葉邀請她的朋友古斯塔夫、艾多、卡洛琳、橘兒和保羅一起到家裡來聚會。今晚的主題是葡萄酒，每個人對酒都有自己的一套研究：古斯塔夫去學了品酒，艾多對葡萄酒的釀製懂得不少，卡洛琳熱愛旅遊和參觀酒莊，保羅還在家裡建立了專屬於自己的小酒窖。

　　茱莉葉要扮演好女主人的角色，得花點心思好好準備，才不會讓她的朋友們失望：她必須慎選酒杯、為今晚的餐點搭配好酒、適時地服務……然而這一切卻不如她想像中那麼簡單。不過別擔心，書中有許多專業又貼心的建議可以解決她的難題。不論是派對結束後如何清潔酒杯、處理紅酒的汙漬，或是如何處理沒喝完的葡萄酒，都沒有問題。更重要的是，她知道如何避免宿醉！一想到這，她又有了靈感：不如來玩一個充滿驚喜的盲飲遊戲呢？

　　這個章節是寫給所有像茱莉葉一樣的朋友，讓大家都能輕輕鬆鬆辦一場賓主盡歡的葡萄酒派對。

JULIETTE

茉莉葉開派對

派對前的準備工作 / 在派對上

派對結束後

派對前的準備工作

用哪種酒杯有差嗎？

下列是晚餐餐桌上最常出現的各種玻璃杯。

1. 水杯

用來裝水的。用這種杯子盛裝好酒，完全無法呈現它的優點與特質，頂多只能用來盛裝劣酒。

2. 碟型香檳酒杯

杯型漂亮，但香檳的香氣容易溢散。當初這款酒杯被鑄造出來時，又被稱為「龐巴度侯爵夫人的左乳房」。

3. 笛型香檳酒杯

最適合用來品嚐香檳，也適合品嚐活潑的白酒或開胃酒（例如基爾酒、波特酒、馬德拉酒、雞尾酒……）

4. 專業酒杯：INAO 杯（或稱 ISO 杯）

十分適合品酒，主要供品酒競賽的評審使用，所以容量有點小。因價格合理又適合盛裝各種類型的葡萄酒，巴黎的小酒館都愛用。

5. 勃根地酒杯

杯體渾圓、杯口狹小，可以聚集香氣。喝酒時，香氣會充滿整個鼻尖，非常適合品嚐勃根地紅酒，也適用於白酒跟年輕的紅酒。

6. 特級勃根地酒杯

專門提供給那些名氣大、單價高的勃根地紅酒使用。杯頸的設計是為了使香氣聚集，然後一次散開。

7. 波爾多酒杯

外形像一朵高大的鬱金香，適用於各種葡萄酒（除了清淡型的白酒）。和 5 號杯不同，它的杯頸較窄、杯口相對較寬，讓酒可以流進舌頭的味覺區，適用於濃郁厚重的酒款。

8. 萬用酒杯

身型與 7 號杯相似，只是容量比較小。不論是清瘦或濃郁的白酒、年輕或陳年的紅酒，甚至濃郁型的香檳也適用。簡單來說，雖沒有專門用途，卻適合所有酒款。

9. 有上色且裝飾的酒杯

矯情又做作，不適用於任何場合，尤其不適合喝葡萄酒。它會蓋掉葡萄酒的色澤、浪費其香氣。除非有特殊情感價值，不然可轉作迷你花瓶或蠟台使用。

高腳杯的好處

高腳杯的兩個用途：

保持酒的鮮度：手的溫度會影響酒的本質，捧住杯肚就好像把葡萄酒放在熱水瓶裡一樣，長長的杯腳可以讓你握住酒杯而不碰到盛酒的部分。

擴散酒的香氣：渾圓的紅酒杯可讓酒的香氣集中在你的鼻子前，自由地揮發擴散，讓我們能好好感受那些香氣。

相反地，一個大口無腳的杯子會使香氣四散消失，拿來裝上好的紅酒實在是可惜。拜託不要再蹂躪你的葡萄酒了！

如果只能選一個呢？

可以選勃根地酒杯或大的萬用酒杯，它們適用於所有的場合和各種酒。記得，使用太小的杯子會讓香氣強烈的紅酒無法發揮，使用過於寬大的酒杯則會破壞清淡型白酒的原味。

酒杯的樣式還有很多種，有些特殊造型的酒杯被設計來盛裝特別的酒款，例如 Chef & Sommelier 品牌的 Open up 系列，具有稜角的杯肚可以完整地釋放香氣，達到醒酒的功能。若你喜愛喝香氣十足或是較精緻的酒，可以選這一種。基本上，你的選擇還是取決於你的喜好。

玻璃杯或水晶杯？

為什麼水晶杯比較好？

水晶杯可以做得十分細薄，杯緣甚至只比一張紙再厚一些。與厚重的玻璃杯相反，裝在水晶杯裡的酒喝起來有種輕盈優雅的感覺，幾乎讓人忘了杯子的存在。它的另一個好處是傳熱速度較慢，可以讓酒維持在低溫狀態久一點。水晶的表面比玻璃粗糙，當搖晃酒杯讓酒與空氣接觸時，杯壁上的小凹凸可以留住更多的酒，讓酒釋放更多的香氣。然而，我們並不建議笨手笨腳的人使用這種酒杯，因為水晶杯價格昂貴。若你買的杯子數量比你買的酒還多，那就算了吧。現在也有一些使用新材質製作的酒杯，比水晶杯更耐用，而且依然可以呈現出相同的視覺效果。

葡萄酒開瓶器

你的抽屜裡放的是哪一種開瓶器？這個問題的答案取決於你的品味、耐心、預算、能力，而非你的力氣多寡。
開瓶器的原則很簡單：一個螺旋鑽頭和一個握柄。為避免軟木塞損毀，我們要慎選帶有溝槽的螺旋鑽頭；若是
鑽頭太短，可能會有弄斷軟木塞的危險。

蝴蝶型開瓶器

用法很簡單，將鑽頭擰緊之後按壓雙側把手即可。此款開瓶器的優點是好操作而且省力；它的握柄處有兩個齒輪，只要將握柄同時往下壓，就可以利用槓桿原理將軟木塞拔出。唯一的缺點是，它的鑽頭往往會戳穿瓶塞，使得軟木屑掉進葡萄酒裡。

T 型開瓶器

它沒有任何齒輪或操縱槓桿，只有一個單純的握柄讓你施力。若你沒有足夠的開瓶經驗，只用蠻力的話很有可能會損毀瓶塞。

其實它主要的功能應該是用來測量二頭肌的大小。

兔耳型開瓶器

這是同類型產品中開瓶速度最快，最適合高齡九十歲的爺爺連開二十瓶酒又不用擔心扭傷手腕。但是它的體積較大、價格較高，而且無法調整角度。

侍酒師開瓶器

又稱「侍酒師之友」，也可用來開一般瓶蓋。這是餐廳常用的開瓶工具，也是我的最愛，因為此款開瓶器可以依據軟木塞的狀態來決定如何對付它。為了發揮它真正的功效，將鑽頭固定後，要記得利用活動關節分段提起瓶塞，以減低抗力，避免弄斷軟木塞。此開瓶器攜帶方便，適合放在口袋或是手提袋裡，便於應付任何狀況。

| 4 |

| 5 |

雙金屬片開瓶器（老酒開瓶器）

老酒愛好者的祕密武器，很少人知道。它並不具備螺旋鑽頭，也不會破壞瓶塞，但使用它需要更多技巧，將那薄薄的金屬片塞入瓶口內壁和軟木塞之間，在旋轉的同時輕輕地將瓶塞拔出。錯誤的使用方法會將瓶塞推入酒瓶內，然而對那些老酒來說，和軟木塞被搗爛的風險相比，這只是芝麻小事一件。

啊，我把軟木塞弄斷了！

別驚慌，在這裡提供大家兩個解決辦法：

如果有侍酒師開瓶器，將鑽頭傾斜勾入軟木塞固定（避免洞孔越鑽越大），緊壓在瓶口內壁一側，垂直向上拉起。

如果沒有侍酒師開瓶器，就將軟木塞推入酒瓶（小心酒濺出來），再立刻將酒倒入另一個玻璃瓶，以免軟木塞影響酒的味道。

方法 1.

方法 2.

不用開瓶器的開瓶法

要是你什麼都準備好了，唯獨遺漏了開瓶器，這裡有幾個開瓶方法供你參考。

— 1 —

把軟木塞推入酒瓶內：要這麼做，一定要能在開酒後直接將酒倒入別的玻璃瓶中，才能避免軟木塞影響了葡萄酒的原味——這種開瓶方法真的會在三分鐘內破壞酒的味道。

— 2 —

自製開瓶器：獻給那些喜歡DIY、或想在派對上表現得好像很聰明的人。找個東西來拴住瓶塞，例如一個螺絲和一把鉗子，然後使用巧勁把它拉起來。這個方法很實用，而且經由本書作者測試成功；她在某次派對上從微波爐拆下了一個螺絲，再加上一把剪刀，就這樣開了四瓶酒，朋友們都玩得不亦樂乎。

— 3 —

藉由壓力將瓶塞推出：你需要一面牆或一棵樹，還有一隻有木跟或橡膠底的鞋子。撕開瓶口的金屬鉛封，將酒瓶放在鞋裡與鞋底垂直，再牢牢地對著牆面敲打鞋跟（要同時緊按住酒瓶）。衝擊的力道會從鞋底傳到瓶頸，將瓶塞往外推。敲打七、八次之後，瓶塞差不多就會鬆動。要注意，這時候開瓶，酒會因為壓力而噴出來。最好準備一條毛巾保護好你的手，以防瓶身破碎。除了要考慮安全性，劇烈搖晃瓶身也會影響酒的品質，不過在野餐時卻不失為一個好方法。

| 4 |

還好你有先見之明：買一瓶旋轉瓶蓋的葡萄酒，那就不需要開瓶器了！

如何開香檳？

開香檳是一件危險的事情，要是沒有「操作」好，有可能會打傷家人的眼睛，或者打碎長輩的花瓶。若不是非常熟練，下列有幾個簡單的訣竅可以幫助我們輕鬆打開香檳。

1

打開香檳前不要去搖晃它。如果你曾把它放在袋子裡，提著它走來走去，請將它靜置在陰涼處至少一個半小時。

2

絕不可以漫不經心地解開固定瓶塞的鐵絲環。鐵絲環一旦鬆開，就要用大拇指按住瓶塞，防止它噴射出去。

不要拔瓶塞，要旋轉瓶身！
在旋轉瓶身的同時，小心地用手掌心壓住瓶塞防止它飛出來。你的手可以感覺到酒瓶內的氣體在推擠瓶塞，這時再一點一點地讓它退出瓶口。

3

準備一個杯子接住瓶口，防止泡沫溢出。等到香檳不再從瓶口冒泡泡後，就可以為大家倒酒了。

5

4

PLOP

不要隨便放手！握著瓶塞和酒瓶，直到它們徹底分開的那一刻。你將會聽到輕輕的一聲「啵」，然後就可以優雅又從容不迫地開啟你的香檳了。

什麼場合喝什麼酒？

選酒並沒有一定的標準，每個人都有自己喜歡的口味。儘管如此，我們喝的酒多少還是會影響氣氛，在某些場合選對了酒，或許會有意想不到的加分效果！

情人的晚餐

好主意：
營造優雅氣氛：勃根地夜丘紅酒或夏布利白酒
輕鬆的：波爾多白酒
甜蜜美好的生活：托斯卡尼紅酒
知性的：羅亞爾河白酒（白梢南葡萄品種）
性感的：隆河紅酒
擄獲甜食愛好者的心：甜白酒

壞主意：
喝太多紅酒會讓牙齒變黑，給對方留下不好的印象。

瘋狂派對

好主意：
氣泡酒：來自經典酒廠的無年份不甜（brut）香檳；勃根地、阿爾薩斯、羅亞爾河等產區氣泡酒（Crémant）；西班牙卡瓦氣泡酒（Cava）。
白酒：南法 Pays d'Oc 地區餐酒（夏多內葡萄品種）
紅酒：產自隆格多克或智利、富果香且圓潤的紅酒

壞主意：
口味輕淡的葡萄酒：用大口無腳的酒杯盛裝，完全無法展現香氣！

正式的餐會（家族聚餐或公司聚餐）

好主意白酒：
贏得大眾喜愛：勃根地梅索產區
清新幹練的印象：科西嘉島

好主意紅酒：
營造和諧的氣氛：波爾多聖愛美濃產區
營造穩健的氣氛：羅亞爾河希濃或布戈憶產區
莊重地達成協議：普羅旺斯邦斗爾產區
人人都可接受的：薄酒萊摩恭產區

好友的小聚

好主意：

不知名的小產區：賈斯尼耶（羅亞爾河谷地都漢產區）、
貝夏蒙（法國西南區貝傑哈克產區）、卡迪亞克（波爾多
甜白酒）

被遺忘的葡萄品種釀造的酒：法國西南區莫札克白酒和居
宏頌 Noir 紅酒、科西嘉島 Nielluccio 紅酒

產區名聲普通但品質優良的酒：希路伯勒（薄酒萊）、
Muscadet Sur Lie（羅亞爾河谷地；得在信譽良好的葡萄
酒專賣店購買！）

炎熱天氣喝的葡萄酒：普羅旺斯粉紅酒

窩在沙發上喝的葡萄酒：西班牙里奧哈紅酒

壞主意：

超市的廉價波爾多紅酒：給人裝模作樣和小氣鬼的印象

重要時刻

大肆慶祝的日子：白中白香檳

家族添新成員：普里尼 - 蒙哈榭（勃根地白酒）

我永遠在那裡等你：玻瑪（勃根地紅酒）

你願意嫁給我嗎：香波 - 蜜思妮（勃根地紅酒）

好兄弟，一輩子：羅第丘（隆河紅酒）

美好時光的紀念日：波雅克、聖朱里安、瑪歌（波爾多
　　　　　　　　　紅酒）

我是最強的：巴羅洛（義大利皮埃蒙特紅酒）

 如果只有你一個人呢？

孤單一人的時候，最好喝已經開過的酒，例如先前聚
會沒有喝完的葡萄酒，嚐嚐它和剛開瓶時比起來有什
麼不一樣。這樣會好過重新開一瓶葡萄酒，因為無法
分享的好酒就像無法分享的快樂，只會讓你感到更加
孤單……

氣泡萬歲！

「香檳是酒嗎？」這個問題的答案是：「絕對是！」無論是香檳、法國非香檳區氣泡酒（crémant）、義大利普羅賽柯氣泡酒（prosecco）或西班牙卡瓦氣泡酒（cava），這些以葡萄發酵而成的發泡飲品最初都是作為葡萄酒而釀造的，只是後來在不同的過程中產生了氣泡。氣泡酒在全世界的葡萄酒中佔 7%。主要產自法國、義大利和德國。

為什麼人們喜歡用氣泡酒來慶祝？

因為味道往往較為清淡，而且氣泡可帶來活力，因此氣泡酒是聚會良伴，不會讓舌頭或腦袋感到倦怠。此外，大多數香檳、氣泡酒等都含有 12.5% 的酒精含量；普羅賽柯氣泡酒通常為 11.5%。與許多紅酒不同，氣泡酒的酒精含量很少超過 13%，而且較不容易「醉」。有些微氣泡酒（pétillant）的酒精含量有時為 10%，讓人不會太快喝醉。

如何選擇？

重要晚宴

單就名聲來說，香檳顯然是不錯的選擇，尤其是因為每個香檳生產商都有自己著名且濃郁的特釀，可在餐桌上作為真正的葡萄酒飲用。此外，香檳也是陳釀之冠，有些陳年香檳在陳釀幾十年後會變得極為出色。知名酒莊會推出他們經十年陳釀的最優質香檳。目前在市面上可找到 2006 年、2008 年、2009 年或 2012 年份的香檳。這種酒很適合用於例如慶祝認識的週年。其他替代選項：義大利的法蘭契柯達（franciacorta）、高檔葡萄園氣泡酒。

簡單的慶祝

各種氣泡酒都適合，但還是要避免使用高級香檳，因為在這種場合下難以展現酒的品質（不適當的酒杯、極其興奮的氣氛）。普羅賽柯既有氣泡，又有果香，價格又實惠，是良好的折衷方案……但一般的氣泡酒也是不錯的選擇。法國幾乎所有的葡萄酒產區都有出產這樣的氣泡酒：阿爾薩斯（Alsace）、波爾多（Bordeaux）、勃根地（Bourgogne）、克萊雷特（Die，隆河地區）、侏羅（Jura）、利慕（Limoux，隆格多克地區）、羅亞爾河（Loire）和薩瓦（Savoie），以及盧森堡。

輕鬆時刻

　　祖傳法與天然微氣泡酒是你的好朋友。祖傳法是將發酵中的葡萄酒裝瓶。利慕布朗克特氣泡酒（blanquette-de-limoux）、克萊雷特氣泡酒（clairette de die）、加雅克氣泡酒（bulles de Gaillac）和布傑瑟東氣泡酒（bugey-cerdon）就是這樣製造出來的。這些氣泡酒通常較清淡、略甜，非常適合白天的聚會、成人的下午茶會，甚至是在深夜享用。天然微氣泡酒也是以同樣方式釀造，只是較仰賴天然葡萄酒的運作方法。這些微量的氣泡能呈現氣泡酒中前所未有的面向。

我的酒裡有多少糖？

可依據酒標了解氣泡酒是否加糖，以及含糖量。

自然甜度不加糖	超級不甜	不甜	超級甜	微甜	半甜	濃甜
0-3 克/升	0-6 克/升	0-12 克/升	12-17 克/升	17-32 克/升	32-50 克/升	50 克/升以上

新的派對之王：普羅賽柯氣泡酒

普羅賽柯氣泡酒在近年獲得了驚人的成功。用於義式開胃酒（spritz，以艾普羅香甜酒 aperol 或金巴利 campari 調製而成的雞尾酒）中的義大利氣泡酒非常迷人，但最早的義大利氣泡酒不必搭配其他的飲品就深受大眾喜愛。

普羅賽柯氣泡酒具有年輕時髦的形象，比香檳更令人放鬆，這也讓它得以成為各種宴會的座上嘉賓。除了輕盈的一面較受人喜愛之外，也具有出色的味覺品質。

不同的普羅賽柯微氣泡酒差異十分巨大：甜或超甜、細緻或是豐富的氣泡……可以是微氣泡酒（frizzante），即輕微起泡的酒，或是會如香檳般有泡沫的氣泡酒（spumante）。可以香檳的方式釀造，或是在密封的釀酒桶中釀造，這樣成本較低，因此銷售價格也較低廉。以格雷拉（glera）葡萄為基底的普羅賽柯氣泡酒都在威尼斯附近地區釀造。最負盛名的來自 DOCG 產區的風土：科內尼亞諾（Conegliano）、瓦爾多比亞德內（Valdobbiadene）和阿索羅（Asolo）。這些都會標示在酒標上。

開瓶的時間

開瓶後立即飲用：
不甜的白酒、富果味的白酒、清淡的紅酒、氣泡酒和香檳，這些酒在酒杯裡就可以醒酒了。

飲用前一小時開瓶：
除了氣泡酒之外，幾乎所有的葡萄酒（不論是紅酒或白酒）都需要在飲用前一小時打開瓶塞，並維持酒的冰涼度即可。

飲用前三小時開瓶：
年輕的法國、智利、阿根廷紅酒，以及部分結構扎實的義大利、西班牙、葡萄牙酒。口感強烈、尤其是非常年輕的葡萄酒，可以在飲用前六小時開瓶，經過三小時後再倒入醒酒瓶。

為什麼要讓葡萄酒呼吸？

氧氣是葡萄酒不可或缺的伴侶，也是它兇惡的敵人。在它的陪伴下，葡萄酒會不斷變化、成長……和變老。事實上，對葡萄酒來說，氧氣可以加速它熟化。

酒和空氣
葡萄酒也需要呼吸：瓶子裡的酒可以透過軟木塞接觸到外面的氧氣。當酒倒進杯子後，空氣中的氧氣就會讓酒的香味像花兒般綻放，也可以讓單寧慢慢軟化。這樣程度的醒酒對於清淡型的葡萄酒來說已經足夠了。

葡萄酒和醒酒瓶
有時，葡萄酒需要和空氣做更多的接觸，才能讓它醒過來、綻放香氣，這時就需要使用醒酒瓶。醒過的葡萄酒集中度及層次感會變得更好，口感也會變得更加柔和。白酒和香檳也可以醒酒，而且比紅酒對氧氣更加敏感，所以在橡木桶中熟成、濃郁飽滿的白酒（例如加州、勃根地、隆河等地的優質白酒，以及少部分特殊香檳），只需在醒酒瓶中停留一小段時間。

老酒和空氣
老酒在瓶子已經存放夠長的時間，讓香味和單寧發展成熟，太多的氧氣反而會讓脆弱的香氣一下子就消散了。

醒酒或換瓶？

醒酒是為了讓酒充分接觸空氣，而換瓶是為了將老酒累積的沉澱物分離出來。年輕的酒需要醒酒，年份久遠的酒才需要換瓶；兩種情況都需要將酒從瓶子倒入另一個容器裡。

替年輕的酒醒酒

為什麼？
醒酒是為了釋放酒的香氣，這麼做也可以讓年輕紅酒中一些不好聞的味道消失。

如何醒酒？
根據每款酒的氣味與口感強度，在上桌前一至三個小時打開酒瓶，倒入醒酒瓶中。倒酒時我們可以學服務生倒薄荷茶一樣，將手舉高讓酒從高處落下，這樣可以讓酒接觸更多空氣，或是旋轉醒酒瓶讓香氣更加綻放。

用什麼樣的醒酒瓶？
最好選用腹部寬大扁平的醒酒瓶，這樣才有寬闊的空間和面積，讓酒可以充分接觸空氣。

幫老酒換瓶

為什麼？
經年累月下來，葡萄酒的單寧和色素分子轉變為沉澱物，堆積在瓶子底部，而換瓶可以避免這些沉澱物掉進客人的杯子裡。並沒有規定什麼年份的酒一定要換瓶，但執行這項任務時必須非常小心。

如何換瓶？
用餐前先將酒瓶豎直放置數小時，讓沉澱物沉澱於瓶底。然後，選一個光線明亮的環境，仔細地把酒倒入酒壺中，當灰褐色的沉澱物開始出現在瓶口時就停止。換瓶後不需等待，請直接飲用，因為氧氣很快就會破壞老酒的品質。

用什麼樣的酒壺？
為了限制酒和空氣接觸，最好選擇腹部窄、瓶口狹小、瓶蓋緊密的酒壺當作換瓶酒器。

飲用的最佳溫度

品嚐葡萄酒時，溫度非常重要：這不僅會影響香氣的釋放，也會影響口感。當一瓶酒的溫度不對，喝下去的口感甚至會讓人覺得不舒服。你可以做個小實驗，在 8℃ 到 18℃ 之間品嚐同一瓶葡萄酒，那種感覺就像在品嚐兩瓶完全不同的酒。

熱
較高的溫度或許能讓葡萄酒的某些香味更突出，但也會突顯油膩味和酒精味。溫熱的酒喝起來沉重、濃稠，甚至讓人覺得有點噁心。

為什麼不能一視同仁，全都拿去冰箱冰就好了？
因為每種葡萄酒都有它最適合的溫度，對於不甜的白酒和口味清淡的酒，我們希望能品嚐到它清爽的酸味，所以喝的時候要保持清涼；辛香料氣味較重的紅酒，我們希望它的單寧柔和，口感才會更圓潤，所以會在常溫下飲用。

20℃以上：沒有任何酒適合在這個溫度下飲用。

16-18℃：口感強烈的紅酒。

14-16℃：柔和的紅酒、果味豐富的酒。

11-13℃：口感強烈的白酒、品質較好的香檳、清淡的紅酒。

8-11℃：利口酒和加烈甜酒、粉紅酒、果味豐富的白酒。

6-8℃：氣泡酒、香檳、口感尖銳的不甜白酒。

冷
低溫會讓葡萄酒的香氣無法釋放，單寧澀味和酸味便會顯得特別突出。太冰的酒反而會變得不好喝、沒有香味。

寧過冷，勿過熱

酒倒入酒杯之後溫度會升高，十五分鐘內大約會上升 4℃。所以寧可讓葡萄酒冰過頭，也不要讓它太熱。

小字彙：

「在室溫下飲用」，意思是把酒放在室內，使其溫度與室溫相同。但是注意，這句話有一個條件，那就是室溫必須在 17℃左右！

如何讓酒快速降溫？

葡萄酒需要儲存在涼爽的房間裡，一般來說，儲藏溫度不能超過 18℃，而最理想的溫度是 15℃。
現在客人就要來了，你的酒卻還沒達到理想的適飲溫度，該怎麼辦？

3

剩下不到一小時了

快速降溫法：在水桶裡加入半桶冷水
和半桶冰，再加入大量的鹽，可以讓
酒瓶的溫度降得更快。

1

大概還有二至三小時可以準備

把酒放置冰箱冷藏，依適飲溫度決定
時間長短。

2

利用一小時降溫

將酒瓶浸在加了冰塊的水桶當中。將酒瓶放入冷凍庫
也可以達到同樣效果。

另一種方法，用冰水浸濕抹布，將酒瓶包裹起來放入
冰箱：濕布可以加速酒瓶降溫。

在派對上

客人帶了一瓶酒來，怎麼辦？

客人帶了一瓶酒來參加聚會，向他道謝之後，你可以試探地詢問，如果他想嚐嚐他帶來的酒，那麼請打開這瓶酒大家一起品嚐。如果這酒和今天的餐點不搭，那麼你可以將酒收到一旁，開你準備好的酒來喝。如果客人帶了一瓶需要多些時間才能成熟飲用的好酒，那麼請將酒好好收藏，數年後再邀他一同開瓶共飲。如果他沒什麼意見，那麼就看這酒是否符合今天的聚會再做決定。

不合適的酒：

如果葡萄酒和今晚的聚會主題不合（例如一瓶上好的酒和一場牛飲聚會），先收起來等待下一個合適的時間點。

如果葡萄酒和今晚的餐點不合（例如紅酒配海鮮或白酒配牛排），先收起來等下次準備合適的餐點來搭配它。

合適的酒：

▲ **香檳和氣泡酒**

如果酒已經冰過，拔出瓶塞倒出來當開胃酒；如果不冰，把它收藏起來下次再喝。

如果它和今天某道前菜很搭，就用快速降溫法讓它變得冰涼。如果是一瓶甜氣泡酒，就拿來搭配甜點。

▲ **不甜的白酒**

如果酒不夠冰，將它快速降溫然後搭配前菜一起享用——前提是你準備的前菜不是油醋沙拉。

如果主菜是海鮮、白肉或沒有番茄的義大利麵，可以搭配享用。也可用來搭配飯後的乳酪。

▼ 紅酒

將它擺在室內涼爽的地方，或者放進冰箱 30 分鐘。如果主菜是紅肉或是淋上紅色醬汁的菜餚，可以搭配享用。

 帶瓶好酒去赴宴

如果你想帶一瓶好酒參加宴會，最好先聯繫主人，了解一下他準備的菜單，再帶一瓶可與菜單搭配的葡萄酒！

 ◀ 甜白酒

把它放進冰箱，等會兒拿來搭配甜點。

喝酒也要按照順序嗎？

喝酒的順序非常重要，順序不對只會讓你後悔先前喝了那些酒。為了避免這種情況發生，要注意別讓味蕾過度受到刺激、麻痺，失去了味覺。

品酒原則是先喝活潑清淡的酒，再喝濃郁飽滿的酒。經典的品酒順序如下：
▶ 不甜氣泡酒
▶ 不甜白酒
▶ 口感濃郁的白酒或口感清淡的紅酒
▶ 口感濃郁的紅酒
▶ 香甜酒或加烈甜酒

錯誤的飲酒順序會讓後面接著的酒變得難以入喉，例如：
▶ 先喝非常甜的酒，再喝非常不甜的酒
▶ 一開始就喝到溫度過高或口味非常重的酒
▶ 先喝口感濃郁的酒，再喝口感輕淡的酒

 新酒和老酒

要是喝到同類型的葡萄酒，先品嚐老酒、再品嚐新酒，因為老酒的口感通常更細緻。若是純粹品酒，反而要先從年輕的酒開始品嚐。品酒的時候不要吃東西，以避免食物過度刺激味蕾。

如何正確地侍酒？

當主人拔出瓶塞，在給賓客們倒酒之前，應該先在自己的杯中斟上酒。這麼做有兩個目的，一是回收開瓶時可能掉入酒中的軟木塞屑，更重要的是要在賓客之前嚐嚐這瓶酒，確認這酒是否沒問題。當然，如果你已經品嚐過，並且將它倒入醒酒瓶中，就可以跳過這個步驟。

和上主菜一樣，斟酒時先從女士們開始（年紀較長的先），才輪到男士們（年紀較長的先）。

斟酒時永遠不要超過酒杯的三分之一。這麼做不是怕客人喝太多酒，而是為了讓酒能夠更充分地呼吸、接觸空氣，讓香味釋放出來，讓你的賓客在更好的條件下品嚐葡萄酒。

1/3

在客人的酒杯見底之前替他添酒，若客人拒絕就不要勉強。

若有足夠的餐具，請在酒杯旁放一杯水。

小心別讓酒滴出來！

每次倒完酒都會滴出來，或沿著瓶口流下來，弄髒了桌布。要解決這令人煩惱的小事，以下推薦三種方法：

預防措施：
在桌上放一個酒墊。有些不銹鋼或銀製的酒墊非常漂亮，你也可以拿咖啡盤當作酒墊，這樣流出來的酒就不怕弄髒桌布了。但是要注意，倒酒後不要忘記再次將酒瓶放回到酒墊上。

小工具：
市面上有很多種小工具可以防止酒滴出來，或者接住滴出來的酒。例如套在瓶口的止滴環，外層是金屬、內層是天鵝絨，可以接住從瓶口流下來的酒。另一種實用的工具叫做止滴片，長得像一張有光澤的小紙片，捲起來塞入瓶口，可以有效避免酒液到處滴灑。

手動自己來：
倒完酒後，輕輕往內轉動手腕，再提起瓶身，讓酒滴流回酒瓶裡。這個方法需要練習練習才會成功。

·如果發生以下狀況該怎麼辦？

萬一酒不好喝？

首先必須確認酒是否壞了（見 52 頁），還是這是劣等酒。

有醋味嗎？可當醋使用……或是倒入洗碗槽。

有軟木塞味？可讓酒通風，過幾分鐘後再品嚐看看（有時軟木塞味會減輕，酒還勉強可以飲用）。不然就扔掉吧。

是劣等酒嗎？以下提供幾個可避免將酒倒入水槽的點子。

白酒：

– 添加水果香甜酒或糖漿作為基底，製作基爾酒（kir）：傳統的基爾酒是以黑醋栗香甜酒製成的，但也能使用覆盆子、桃子、菫菜、栗子或桑葚香甜酒。

– 搭配氣泡酒，就成了皇家基爾（kir royal）。

– 搭配粉紅酒和葡萄柚糖漿，便可製作夏季非常流行的太陽基爾（kir soleil）。

– 你也可製作特快雞尾酒：白酒、刨碎的橙皮、柑曼怡香橙干邑香甜酒（Grand Marnier）。

紅酒：

– 夏季製作桑格利亞（sangria），搭配切塊水果和肉桂（可能還有糖、氣泡水和波特酒）。

– 冬季製作熱酒，在平底深鍋中和肉桂、丁香、糖及柳橙角。

– 葡萄酒汽水（diabolo pinard）：搭配檸檬水。

– 卡里莫索（calimucho）：50% 紅酒、50% 可樂。

– 巴黎公社（communard）：搭配基爾酒。

不知道要買幾瓶酒？

一個標準酒瓶（750 毫升）的酒可裝滿六個玻璃杯（一般可容納 120 毫升的酒杯）、七個笛型香檳杯（flûte）或寬口雞尾酒杯（coupe）。根據聚會的時間長短和每個人回家的可能性而定，如果晚會要持續到深夜，預估每個人要準備三個玻璃杯至一整瓶的酒。出於對朋友的健康和尊嚴的重視，也務必要準備食物。

如果只有無腳杯？

如果你還沒有買酒，最好選擇果味濃郁、口感圓潤的品種葡萄酒。向酒商詢問是否有「碳酸浸漬」葡萄酒，這種釀造法的目的就是為了使果味更加突出。

如果沒有葡萄酒冷卻桶？

這是在簡樸的露天咖啡座常見的情況。可向服務生要一碗冰塊：在空的玻璃杯中放入一至兩個冰塊，讓冰塊繞著整個杯壁旋轉。當你看到霧氣形成時，將剩餘的冰塊放回碗中，倒入酒。玻璃杯會將冰塊的冰涼傳遞給液體，讓酒的溫度在三分鐘內下降幾度。如果服務生為你送上的是裝在玻璃杯的酒，可再額外要求一個空的玻璃杯，並進行同樣的動作。

品酒會的小建議

品酒會的有趣之處，在於我們可以同時比較不同酒款在香氣與口感上的差別。

一開始，先學會如何分辨兩款風格迥異的葡萄酒。累積了一些經驗之後，再嘗試進階或有主題的品酒練習。每次品酒時（除非情況不允許），請準備兩款同價位的葡萄酒：一般的葡萄酒約 10 歐元就可買到，好一點的葡萄酒一瓶大 25 歐元（看起來有點貴，但如果五個人一起分攤兩款酒，每人就只需要支付 10 歐元而已）。

給初學者

好的紅酒

25 歐元 / 瓶

波爾多對勃根地（最好購買年份等級差不多的）。正常來說，這兩者的香氣和口感都完全不同。以香氣來說，勃根地有櫻桃、草莓、李子甚至是菇類的香氣，而波爾多的香氣則表現出黑色果實、黑醋栗、紫羅蘭、菸草、皮革等味道。以口感來說，波爾多結構更強、單寧更豐富，勃根地的黑皮諾酸度較高、口感更細緻輕盈。

一般紅酒

10 歐元 / 瓶

布戈憶（Bourgueil）對給漢（Cairanne）。布戈憶是來自羅亞爾河，以卡本內弗朗品種釀造的紅酒；加漢是來自隆河南部，以希哈和格那希品種釀造的紅酒。第一款酒帶有櫻桃、覆盆子、甘草，或許還有一點甜椒的香氣，喝在口中有新鮮和清爽的感覺；第二款酒可聞到黑櫻桃、黑莓、胡椒和香料的氣味，嚐起來比較烈（酒精感較重）、口感帶甜（實際上不甜）、圓潤且較濃郁。

經典白酒

12-15 歐元 / 瓶

波爾多對勃根地伯恩丘（Côtes de Beaune）。波爾多白酒使用的葡萄品種是蘇維濃和榭密雍，有時還會用蜜思卡岱勒（muscadelle），帶有強烈的檸檬和椴花香氣，有時會有一點鳳梨味；相反的，勃根地的夏多內在香氣上低調許多，有刺槐、蛋白甜餅和奶油的香氣。口感上比較起來，波爾多新鮮清爽，勃根地則更加豐腴、濃郁、肥美。

不同年份比較

10 歐元 / 新酒
18 歐元 / 老酒

新酒對老酒。選擇兩款來自相同的地區與法定產區的葡萄酒，範圍越小越好，例如玻美侯（Pomerol）比波爾多更好、夏布利（Chablis）比勃根地更好；而且最好產自同一家酒莊，兩款酒的年份至少要差五年以上。新酒會有更豐富的果香味和花香味，也許帶一點木桶味；老酒的果香味和木桶味則變得很淡，取而代之的是皮革、菸草、菇類和皮草味。新酒嚐起來讓人感到輕鬆愉悅，老酒喝起來感覺比較平和寧靜。

給進階愛好者

產區跳羊式品酒

同時比較數款勃根地白酒，例如夏布利、梅索（Meursault）和聖維宏（Saint-Véran），試著找出它們之間的相異處（比如夏布利的線條簡潔、梅索的架構飽滿、聖維宏的清新圓熟）。你也可以比較波爾多左、右岸葡萄酒的味道差異：梅多克（Médoc）結構優雅、聖愛美濃（Saint-Émilion）柔美愉悅。

不同國家相同品種

品嚐並比較勃根地、南非和美國奧勒岡州種植釀造的黑皮諾葡萄酒，感受黑皮諾各種不同的風貌（不甜、熟甜、酒精度高）。

給資深愛好者及專業人士

舉辦垂直品酒會

找同一款葡萄酒（來自同樣的酒莊）的三個不同年份，根據它們的酒精濃度、酸度及果實的成熟度，來判斷各自的年份。

追尋風土條件的差異

舉例來說，先挑選阿爾薩斯的麗絲玲（riesling）葡萄，再由北至南選擇三個不同的地塊（例如 Kirchberg de Ribeauvillé、Sommerberg 和 Kitterlé 的特級園），藉此比較環境條件對葡萄酒的影響。

品嚐「海盜葡萄酒」

有些葡萄酒，與我們記憶中對該葡萄品種或產地的印象相去甚遠。例如聖彼茲（Saint-Bris）是勃根地唯一使用白蘇維濃（sauvignon blanc）葡萄的產區；隆格多克的利慕（Limoux）生產的夏多內白酒、侏羅區生產的白中白氣泡酒（crémant），鮮少人認識當地這兩款不錯的酒；來自邦斗爾（Bandol）的陳年老酒，其濃郁口感會讓人誤以為來自西南產區；還有美國加州以「波爾多風格」釀造的卡本內蘇維濃紅酒……

＊葡萄酒品種介紹詳見第三章。

乾杯！

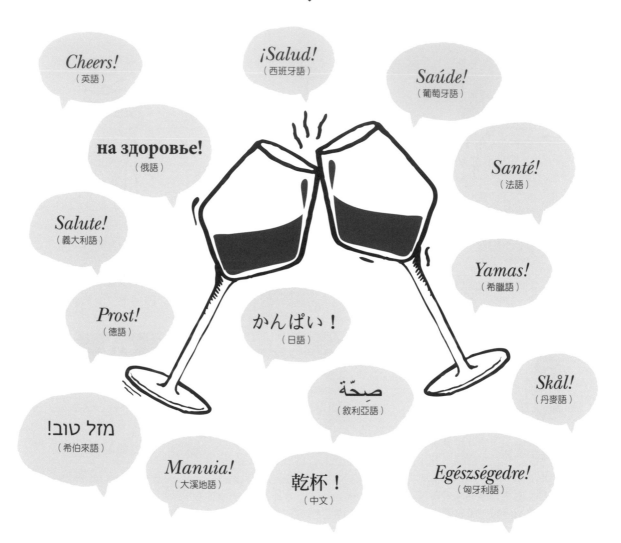

Cheers! （英語）

¡Salud! （西班牙語）

Saúde! （葡萄牙語）

на здоровье! （俄語）

Santé! （法語）

Salute! （義大利語）

Yamas! （希臘語）

Prost! （德語）

かんぱい！ （日語）

صِحَّة （敘利亞語）

Skål! （丹麥語）

מזל טוב! （希伯來語）

Manuia! （大溪地語）

乾杯！ （中文）

Egészségedre! （匈牙利語）

為何要碰杯敬酒？

這項習俗可追溯至中世紀，當時常會使用毒藥來消滅敵人，碰杯敬酒實際上是確保所有賓客都來意良善的一種方式：當人們彼此用力碰撞酒杯，每個酒杯中部分的內容物會飛濺至其他人的杯中。在這樣的情況下，任何飲酒者都不會冒險對旁邊的人下毒！因此，碰杯敬酒是信賴的一種證明。

請請／碰杯隨意（Tchin, tchin）！

這也是經常用於碰杯敬酒的法語表現。關於它的來源有不同的解釋：可能是模仿碰杯聲音的簡單擬聲詞，或是衍自中文的「請請」，是用來邀請某人飲用的表達方式，並在拿破崙三世的統治時期傳至法國。

葡萄酒與宗教

基督教
葡萄酒是基督教儀式的核心。耶穌基督的第一個神蹟發生在迦拿（Cana）的婚禮上：他把水變成了酒。基督使麵包和葡萄酒成為神與人結盟的象徵。在主日聖體聖事中，葡萄酒是基督的血：「後來他端了一杯，遞給人們，說：『你們都喝下吧，因為這是我的血。』」因此，耶穌贊成「適度飲酒」，反對飲酒過度。

猶太教
在婚禮和割禮儀式的開始和結束都會用到葡萄酒。在安息日開始時，人們會舉辦成聖儀式（kiddouch），拿著一杯葡萄酒感謝上帝：「宇宙之王、葡萄果實的創造者」。在逾越節（猶太復活節）期間，人們必須喝四杯葡萄酒！但猶太教也對過量飲酒導致醉酒、放蕩和崇拜偶像等後果展現出相當程度的不信任。

伊斯蘭教
伊斯蘭教與葡萄酒有著矛盾的關係。伊斯蘭教承諾在天堂裡會有這樣的喜悅：「牛奶和葡萄酒的河流」將源源不斷地湧流。古蘭經時代初期還許可飲用葡萄酒，但它很快就被歸為罪惡和褻瀆宗教的飲品，能使人們遠離祈禱：「上帝詛咒了葡萄酒。」儘管根據時代和政治潮流而定，人們有時並不遵守這個神聖法則，但一般而言，葡萄酒和酒精仍是絕對禁止的。

其他宗教
儘管印度教可以容忍酒精（和葡萄酒），但佛教卻明確加以譴責。相反地，（中國）道教則將酒，甚至是酒醉，視為生活中不可或缺的部分。（日本）神道教沒有葡萄酒，他們習慣將米酒用於如婚禮或祭祀神靈等儀式中。

談論葡萄酒：
絕對派得上用場的葡萄酒講評

即使完全不懂得品酒，也希望有天能藉著談論葡萄酒而成為公司裡眾人矚目的焦點嗎？隨機挑選下面的幾個句子，以充滿自信的態度多練習幾遍，絕對沒問題。要是你遇到一個懂酒的專家，想跟你再多討論一下，那麼……到時你得自己想辦法應付囉！

這瓶酒釀得真好！

以這個產區來說，這支酒表現得非常好。

剛入口很柔順，喝下去之後感覺非常棒，持續度很夠！

香氣高雅，口感濃郁，架構完整。

一支充滿礦石風味的葡萄酒！

入口的感覺令人愉悅，飽滿又平衡，尤其尾韻持久，是一支很有個性的葡萄酒！

葡萄酒香味明顯，可以聞到強烈的芬芳香氣。口感討喜且幸好有結實的單寧，酒體完全沒有軟化。

這款葡萄酒有漂亮深邃的酒色，華麗且完全成熟的香氣，單寧滑膩如絲，酒體美味極了！

非常飽滿又平衡的一款酒！

色澤迷人，香氣豐富，口感表現完美純淨！

這酒陳年得好！

豔麗的色澤，搭配柔順細緻的口感，很有自己的風格。

香氣依然有些封閉，但已經可以感受到它純粹乾淨的氣味。我已經迫不及待等它醒來囉！

它精彩多變的風貌，都要歸功於釀酒師的個人風格。

完美展現了當地風土的一款酒！

酒色深邃，充滿果實味，口感濃郁，層次非常豐富！

派對結束後

如何去除酒漬？

悲劇發生了！派對進行得很順利，大家都玩得非常愉快，但你身上最心愛的襯衫卻被葡萄酒弄髒了……

如果沾到紅酒或粉紅酒，要盡快在十分鐘之內處理汙漬。
千萬不可以使用：

▶ 鹽巴，它會使布料褪色，灼傷衣料纖維，讓汙漬徹底固定在衣服上。

▶ 沸騰的水，尤其是高級布料做的衣物。

▶ 漂白水和小蘇打，除非你的衣服是純白色的。

　　首先，用紙巾盡量將酒漬吸乾。接著，你可能得犧牲一瓶白葡萄酒：最理想的情況是，你的櫃子裡就有一瓶酸度夠、微溫、剩下半瓶的白酒。將白酒倒入臉盆，再將弄髒的衣服浸泡其中，靜置一至兩小時，甚至更長的時間，並且規律地敲打衣服上的那塊酒漬，最後將衣服放到洗衣機裡清洗。

　　或者，你可以做一個自製除漬配方：找個瓶子，放入三分之一的水、三分之一的家用消毒酒精和三分之一的白酒醋，在家裡隨時準備一瓶。使用方法同上：將去漬水倒入臉盆中，將衣服浸泡其中，最後放入洗衣機清洗。

　　兩種作法的原理都一樣：醋酸和酒精可以溶解花青素（就是葡萄酒色素的來源），對去除色素很有幫助。

如果沾到白酒或香檳：
無須擔心，幾乎不會留下顏色，頂多有一些淡淡的痕跡，洗過就會不見了。

如果酒漬乾掉了：
什麼都別做了，用最快的速度拿到洗衣店去請人處理！

清洗酒杯

酒杯要怎麼洗才算乾淨？潔淨、沒有水痕，這是當然的，但重點是不能殘留異味！

清洗

為了確保能清洗乾淨，而將洗碗精直接倒進酒杯中。這樣殘留的洗碗精味道會汙染葡萄酒。

將酒杯直接放入洗碗機，而且使用大量的清潔劑。這樣會給葡萄酒帶來一種不舒服的氣味及苦味。

派對結束後，立即用很燙的熱水沖洗酒杯，如此一來幾乎可免去使用清潔劑，只要用海綿從杯緣輕輕帶過，再將酒杯置於碗架上瀝乾即可；或是將洗好的酒杯直接用布擦乾，小心地把杯緣就口的部分擦拭乾淨。

洗杯子的水越熱，晾乾時酒杯上的殘留的水痕就越少。

放置

乾燥之後，若是酒杯懸掛架，就將杯口朝下掛上去。若是櫃子，則杯底朝下直接放進去。

盡量避免將酒杯放在紙箱裡，這會使酒杯中充滿紙箱的氣味。要是你別無選擇，下次使用前記得先用水沖洗酒杯，再倒入葡萄酒。

絕對不要將酒杯開口朝下倒置於層板架上！因為酒杯會吸取層板架的氣味，進而影響到你下次品嚐葡萄酒的味道。

保存已開封的葡萄酒

派對結束後，還有剩下的葡萄酒嗎？你不需要強迫自己把酒喝完。一瓶喝了一半的白酒，若密封得好，可以在冰箱裡存放二至三天。紅酒放置在陰涼處，同樣可以保存三天之久，若放在冰箱裡則可長達四至五天。

保存葡萄酒時，你應該考量的是剩餘的酒量和酒瓶內空氣含量的多寡。

瓶子越滿，對於葡萄酒的保存越有利。

若酒喝到快見底了，瓶中大量的空氣將會迅速影響並破壞葡萄酒的品質。

你也可以利用市面上販賣的小工具，來延長葡萄酒的保存期限，大約可延長三至四天。

除了密封型酒塞，也有可以抽真空的酒塞，將酒瓶中的氧氣盡量抽掉。另外還有一種內裝氮氣或二氧化碳的小氣瓶，可將氣體噴進酒瓶內，排出瓶中的氧氣。至於香檳則有專用的瓶塞，讓它的氣泡可以維持至少四十八小時。

喝不完的酒拿來做料理

沒喝完的酒可以保存於冰箱內，但不能放超過十天。我們可以拿它來做料理！在這裡列出幾道菜，給大家一點靈感。

沒喝完的紅酒可以拿來做：

▶ 法式紅酒水波蛋
▶ 任何一種用紅酒燉煮的料理：法式紅酒燉香雞、勃根地紅酒燉牛肉、雜燴鍋（將燻肉條和洋蔥炒過放入燉鍋，馬鈴薯切塊用紅酒浸漬，加一點水和一綑香料束，開火燉煮至軟爛）
▶ 加上香料煮紅酒燉洋梨、加上香草和糖煮紅酒燉草莓
▶ 果醬

沒喝完的白酒可以拿來做：

▶ 蘑菇炒小牛肉或豬肉
▶ 燉牛膝
▶ 奶油扇貝
▶ 水煮魚
▶ 田雞腿

▶ 羊肚菌燴雞
▶ 白酒煮淡菜
▶ 義式燉飯
▶ 鮪魚義大利麵
▶ 乳酪風度火鍋

沒喝完的甜白酒可以拿來做：

▶ 沙巴庸（義式蛋黃醬）
▶ 甜酒煨西洋梨
▶ 水果沙拉
▶ 甜酒蘋果蛋糕
▶ 甜酒煨雞腿
▶ 甜酒煎鵝肝（鴨肝）

沒喝完的香檳可以拿來做：

依據香檳的甜度等級，可用在一般白酒或甜白酒做出來的料理。

治療宿醉

事實上，防止宿醉最有效的方法就是……不要喝醉！

為什麼會宿醉？
頭痛、嘔吐、抽筋、強烈的疲勞感？
前一晚你到底喝了幾杯酒呢？無論如何，你是喝醉了。
第一個最明顯的症狀是「覺得口渴」，這是肝臟在分解酒精時的典型生理反應。喝太多酒也會造成血糖下降、頭暈不適，這是起因於酒精本身所含有的某些物質，例如甲醇，以及某些常出現在便宜、品質差的酒類（葡萄酒和其他酒類都有可能）的亞硫酸、添加物……

當天晚上該怎麼辦？
喝水，在睡前喝大量的水。可以的話，喝 0.5 公升的水，能喝下 1 公升更好！這是阻止頭疼最好也最有效的辦法，非常簡單，前提是你夠不夠清醒去做這件事……記得的話，另外準備一壺水放在床頭。若你睡到一半時感到口渴，喝水就對了！

隔天醒來該怎麼辦？
睡醒後吃一根香蕉，或補充一些維他命 C。前一夜狂歡喝太多酒，酒中的酸性有可能使你胃痛，所以這時不要喝柳橙汁，以免使胃痛更加嚴重。可多吃含蛋白質、維他命以及糖分的水果，例如香蕉。或者喝一碗肉湯，或富含礦物質的湯；貝類含有豐富的鋅，對緩解宿醉也十分有效。

治療胃痛
如果覺得胃痛，取一茶匙的食用小蘇打加水喝下去，這樣做可減緩胃酸過多帶來的疼痛。
喝一杯草本排毒茶或洋甘菊茶，不要喝茶和咖啡，後兩者非常利尿，可能使脫水狀況更嚴重。多吃米飯，可以讓我們的胃有飽足感，而這些澱粉轉換成的碳水化合物可維持白天身體所需的熱量。

最後一招，來一杯雞尾酒
用蕃茄汁、伏特加（少量）、芹菜、Tabasco 辣醬調一杯血腥瑪莉；蕃茄的維他命 C 可幫助你恢復精神，少量的酒精可減緩因酒精戒斷造成的身體不適。但這個方法其實頗受爭議。

「我很喜歡這款酒！我喜歡它的……」
「它的什麼？」
「它聞起來的味道！像是……」
「像是？」
「葡萄酒！聞起來就像很棒的葡萄酒！」

　　數百萬人都曾經歷過這樣尷尬的場面，古斯塔夫也是。古斯塔夫喜歡葡萄酒，但對葡萄酒一無所知。他會形容一款酒「很棒」，而這已經是他所能用的最好的形容詞。古斯塔夫其實很想學會到底該如何品嚐葡萄酒，雖然他沒有音樂家的耳朵，但是沒關係，只要好好運用其他的感官——銳利的眼睛、靈敏的鼻子、敏銳的味蕾與迫不及待的舌頭——這樣就夠了。

　　專注地看、聞、品嚐和感受，然後用一個形容詞說明上述每個步驟得到的結論。在剛開始練習的階段，一個形容詞就夠了。品酒其實並不複雜，只要經常練習，就可以累積經驗（但請不要練習過度、喝過頭了）。

　　現在每次參加晚宴，古斯塔夫不會再發出誇張的驚嘆聲，他只是將鼻子貼近酒杯，專注地觀察。把酒喝下去之前，他還花了一點時間，用嗅覺與味覺去感受酒的變化。古斯塔夫不喝多，但他細細品味。他不會去評斷這款酒的外表與名聲，只是單純地去認識它、享受它。

　　這個章節獻給每一位古斯塔夫。

GUSTAVE

古斯塔夫學品酒

葡萄酒的色澤 / 葡萄酒的香氣
口中的葡萄酒 / 尋找夢想中的葡萄酒

葡萄酒的色澤

為何葡萄酒愛好者總會在喝酒之前凝視著酒杯？不是要參透什麼道理，也不是在讚美那光線的折射，這麼做是為了看清楚葡萄酒的顏色，它可以告訴你關於杯中葡萄酒的祕密。走進一家服飾店之前，你會打量櫥窗裡的裙子；品酒前，我們則會仔細端詳葡萄酒的色澤（robe）＊。

顏色與色調

專業的做法：

圓平面

邊緣

將酒杯置放在白色的背景前，從上方審視酒的圓平面或邊緣，仔細觀察色調的差異，就可以知道葡萄酒的年紀。

色調差異

 紫羅蘭色

 紅酒

 橘色

 綠色

 白酒

 橘色

年輕的酒：
紅酒的色澤偏紫，白酒的色澤偏綠。

適飲期的酒：
如果紅酒呈現紅色、紅寶石、石榴紅，白酒呈現檸檬、金黃、淺黃，表示酒已進入了適飲階段。

老酒（甚至過老的酒）：
紅白酒皆會呈現瓦片色或橘黃色調。

 小字彙：

形容白酒的顏色：綠、灰、檸檬黃、淺黃、金黃、蜂蜜色、古銅色、琥珀色、深栗色。

形容紅酒的顏色：紫、紫紅、紅寶石、石榴紅、櫻桃紅、黃褐色、桃木色、瓦色、橘色、深栗色。

老酒

　　請注意，老酒不一定是指超過十年的酒。葡萄酒的骨架與生命週期，決定其老化速度的快慢。同樣一瓶酒，存放在溫差大、光線明亮的環境，會比存放在12℃的酒窖裡老化得更快。

　　此外，有些葡萄酒在釀造之初，就是為了能夠長時間陳放，所以即使經過十年仍然顯得年輕。要等這些酒達到適飲期，將會是一場漫長的等待。

＊譯註：robe 在一般法文指的是裙子，用於品酒則是指葡萄酒的色澤。

色澤與亮度

色澤與年紀

　　如同色調的差異，色澤也會顯示葡萄酒的年紀。紅酒在陳年的過程中，顏色會慢慢變淺，並形成酒渣沉澱於酒瓶底部；相反地，白酒陳年之後顏色會加深。所以如果將紅、白酒陳放超過一個世紀，其色澤是很容易讓人混淆的。

色澤與產地

　　葡萄酒的色澤通常也說明了它的出生地。釀酒葡萄的選用視產區與氣候而定，一般來說，天氣炎熱的地區出產的葡萄酒，色澤會比寒冷地區的葡萄酒來得深；因為生長在熱帶的葡萄皮會增厚，以對抗酷熱，連帶使得釀出來的酒色也較深。

 紅酒

口感清淡，產自寒冷地區（如：勃根地紅酒）

果香豐富，產自溫和地區（如：波爾多紅酒）

口感厚重，產自炎熱地區（如：法國西南產區的馬爾貝克葡萄）

 白酒

口感清爽，產自寒冷或涼爽地區（如：羅亞爾河產區的蘇維濃葡萄）

口感圓潤、香氣十足，產自涼爽地區，或是經橡木桶熟成（如：伯恩丘的白酒）

口感厚重，經長時間橡木桶熟成，或是甜酒（如：索甸區的貴腐甜白酒）

 粉紅酒

顏色無法顯示出粉紅酒的血統

 小字彙：

形容葡萄酒色澤：蒼白、清淡、鮮明、深色的、深邃、暗沉。

色澤與風味

　　通常色澤較清淡的酒嚐起來較酸、口感較細緻。色澤暗沉的酒通常是陳年時間較長、酒精濃度較高、糖分較多或單寧較重的酒。

粉紅酒的顏色

與紅、白酒不同，顏色無法顯示粉紅酒的年紀或來歷，而是取決於釀酒師，他可以依自己的喜好決定色澤深淺。粉紅酒的色澤來自紅葡萄（全歐洲唯有法國香檳區可以直接用紅酒加白酒來調配粉紅酒），在榨汁過程中，紅葡萄的皮會將果汁染色（果肉則無法），浸泡越多葡萄皮，得到的顏色就越深；如果想要顏色淺一點，只要提早將果皮與果汁過濾分開即可。顏色較深的粉紅酒，不見得就會有較多的風味與酒精濃度。

粉紅酒的顏色通常隨著流行趨勢走，近年來大眾比較喜歡鮮明的粉紅色，酒瓶玻璃的顏色則趨於越來越透明。

 小字彙：

形容粉紅酒的顏色：灰、杏桃黃、洋蔥黃、鮭魚紅、玫瑰木、肉色、牡丹紅、珊瑚紅、紅醋栗、石榴紅、覆盆子、古銅色。

反射光澤與清澈度

觀察完顏色、色調與色澤亮度的差異，接著來看酒液的反射光澤與清澈度，檢查酒液中是否有懸浮物，或是呈現混濁狀態。

葡萄酒的反射光澤

在極少數的情況下，葡萄酒會因細菌感染而變得毫無光澤，不適合販售。但在一般情況下，葡萄酒的反射光澤只是美觀，與口感好壞無關。

酒瓶底的沉澱物

沉澱物是葡萄酒的成分所形成的自然產物，它有可能是白酒的酒石酸結晶，也可能是陳年紅酒的單寧或色素所形成的物質。這並不會影響酒本身的品質，也別讓它影響你品嚐葡萄酒的興致。不過殘留在牙齒上的酒渣會影響美觀，所以請好心別將瓶底的酒斟給坐在你隔壁的朋友。

酒中的懸浮物或渾濁

這個現象越來越常見，但也越來越不需要擔心。早期，所有的酒在裝瓶前都會先過濾，若出現酒質混濁則是不正常的現象。如今，越來越多的「自然酒」生產者不再過濾他們的酒，這些酒通常帶著不甚美觀卻也不影響風味的混濁。通常，這些酒的酒標上會註明「可能出現輕微混濁」的字樣。若非如此，混濁的葡萄酒的確需要當心。

 小字彙：

形容葡萄酒的清澈度：清澈、含有結晶、朦朧、混濁。

酒淚與酒腳

我們無法只欣賞葡萄酒的腳而不欣賞它流下的淚……酒腳與酒淚這兩個名詞，其實指的是同樣的東西：葡萄酒在酒杯裡形成的痕跡。你只需轉動酒杯，杯壁上就會流下一圈令人讚嘆的酒淚。

酒腳

酒淚

酒淚意味著什麼？

酒淚代表酒精與糖分的多寡。酒淚形成得越多，代表著杯中酒的糖分越多、酒精濃度越高。蜜思卡得（Muscadet）生產的酒幾乎不會有酒淚，而尼姆丘（Costières-de-Nîmes）產區生產的酒則有可能會哭個不停。你可以在旁邊準備一杯水與一杯蘭姆酒，稍微比較一下，就能看出非常明顯的差異。

酒精度

然而杯中形成的酒淚越多，並不代表我們在飲用時，口中感受到的酒精度就越明顯。酒精濃度高於14% 的葡萄酒，同時也會帶著高酸度與良好的單寧架構，這樣的酒並不會造成你喉嚨的灼熱，反而會令你覺得口感格外均衡。

 注意，杯子的清潔會改變一切

一個骯髒油膩的杯子會製造出更多的酒淚，相反地，若是杯中有清潔劑殘留，將會使酒淚消失得特別快。

觀察氣泡

氣泡是葡萄酒的歡樂象徵，就如同天上的星星般，在杯中冉冉上升。

氣泡的大小

　　觀察氣泡的大小，可以了解你手中這杯氣泡酒的品質如何。請將視線放在成串上升的氣泡上，如果是細緻的氣泡，代表這瓶酒的釀造過程緩慢且精良；如果是粗大的氣泡，這瓶酒比較適合當日常解渴飲料。若氣泡能活躍且優雅地在杯中形成一串串細膩的珍珠，那就是最理想的氣泡。高級香檳表面形成的那層泡沫必須非常細緻，泡沫顆粒小到幾乎不存在，嚐起來甚至可以如同啤酒泡沫那般綿密柔軟。

灰塵

氣泡的數量

　　我們在酒杯中看到的氣泡數量，取決於杯子的清潔程度：杯子越乾淨，氣泡就越少。聽起來不可思議，但事實就是如此。光滑無瑕的酒杯是不會產生任何氣泡的，只有當我們喝到口中才能感受到它。相反地，有點髒或是以破布清潔的杯子則能讓氣泡大量出現。事實上，氣泡的生成要歸功於酒杯內壁上極細微的凹洞，侍酒師會建議你以乾淨的抹布擦拭香檳杯，因為棉質的纖維能夠幫助杯中氣泡的產生。同理，你也可以用細緻的磨砂紙來擦拭杯子內層底部。

口中的氣泡

　　不要浪費時間去計算氣泡的數量，直接用你的味蕾去感受它的細緻、刺激、綿密……

 不存在的氣泡

您是否曾在飲用非氣泡酒時感受到氣泡？這對非常年輕的葡萄酒來說很正常，那是酒精發酵過程中所產生的二氧化碳殘留所致，當你搖晃杯子時就會出現氣泡。

 小字彙

沒有氣泡的葡萄酒稱為靜態葡萄酒。含有些許二氧化碳的靜態酒*，入口時可以感受到輕微的泡泡刺激感。

＊編註：以此類推，香檳及氣泡酒則稱為動態葡萄酒。

葡萄酒的香氣

現在該跟著古斯塔夫一起進入感受愉悅的準備階段了。聞嗅葡萄酒有時就和飲用葡萄酒一樣令人興奮。或許有一天你甚至會猶豫是否要將嘴唇泡入酒中，擔心如此細緻的香氣會令你失望。聞葡萄酒就是接受誘惑。這樣的誘惑甚至在品嚐之前就開始了。

如何聞葡萄酒？

釋放香氣
讓酒透透氣，以釋放更多香氣。在桌上或空中（較熟練的人可以這麼做）轉動杯腳，以繞小圈的方式搖動酒杯。

第一層香氣
這是葡萄酒靜置時釋放出的香氣。在品酒期間，葡萄酒千萬不要超過杯子的三分之一。香氣必須有展現的空間。

第二層香氣
這是醒酒後可能會出現或變得不同的香氣。通常氣味會更明顯且更強烈。如果仍難以察覺，可以更用力搖晃，因為這杯酒可能還沒醒來，香氣仍處於**封閉**狀態。

年份很老或很名貴的葡萄酒
避免用酒杯搖動，以免將酒倒光。可輕輕傾斜酒杯，從各個角度：杯子中央、杯緣……聞葡萄酒的味道，這便足以感受各種複雜的酒香。

 談酒……
葡萄酒的相關詞彙就和生活中的詞彙一樣持續在演變。誰還願意將葡萄酒形容成「穿著天鵝絨短褲的耶穌寶寶」或聞起來像野兔的肚子？無論是比喻、隱喻還是描述性的方式，請使用你覺得自然且他人能夠理解的用詞。

 聞嗅而非吸氣

聞酒時不要用力吸氣，以免鼻子完全充滿酒氣。應輕輕地聞嗅幾次，讓思想盡可能開放。如果閉上眼睛有助你專注的話，那就這麼做。不要專注於特定的氣味，而是讓香氣包圍你。

香氣的分類

香氣的類型

葡萄酒有許多種氣味，並不是那麼容易就能辨認出來。為了方便辨別，品酒專家們將氣味分成幾大類，其中包含許多小品項，例如水果類包括果核、種籽、漿果……你也可自行添加你熟悉的或更具體的香氣品項，譬如不同品種的蘋果……

嗅覺訓練

是否有些氣味是你無法形容的呢？請試著去表達每一種香氣以及感受，買些水果與季節鮮花（或聞聞看香水簡介上寫的那些香氣）、吃些巧克力、去樹林裡散步、舔石頭，這些都是必要的練習。你也可以買個聞香瓶來訓練嗅覺。如同音樂家要懂得如何譜曲，品飲者也要懂得如何表達嗅覺的感受。

水果類

柑橘類	香檸檬	黃檸檬	綠檸檬	橘子	柳橙	葡萄柚
紅色漿果	紅櫻桃	草莓	野草莓	覆盆子	紅醋栗	
黑色漿果	黑醋栗	黑櫻桃	無花果	桑葚	藍莓	
熱帶水果	鳳梨	香蕉	百香果	石榴	荔枝	芒果

水果類

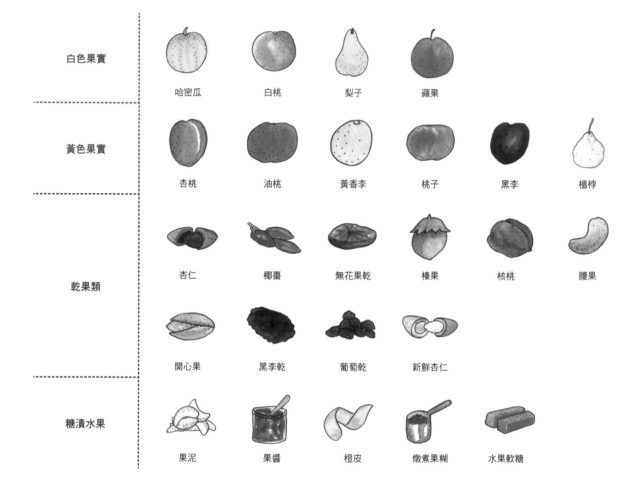

白色果實

哈密瓜　　白桃　　梨子　　蘋果

黃色果實

杏桃　　油桃　　黃香李　　桃子　　黑李　　榲桲

乾果類

杏仁　　椰棗　　無花果乾　　榛果　　核桃　　腰果

開心果　　黑李乾　　葡萄乾　　新鮮杏仁

糖漬水果

果泥　　果醬　　橙皮　　燉煮果糊　　水果軟糖

糖果類

果凍軟糖　　棉花糖

花卉類

 洋槐

 山楂

 洋甘菊

 忍冬

 橙花

 丁香花

 鳶尾花

茉莉

 紫丁香

 石竹

 牡丹

 玫瑰

 紫羅蘭

蜂蜜

糕點類

 新鮮奶油

 餅乾

 奶油麵包

 動物性鮮奶油

 植物性鮮奶油

 牛奶

 酵母

 吐司

 派皮

 杏仁糕

 優格

木質類

 巴沙木

 木材

 雪松

 橡木

 椰子

 廣藿香

 松樹

 樹脂

 檀木

新鮮與乾燥草本類

 香茅

 尤加利

 茴香

 乾牧草

 蕨類

 青草

 薰衣草

 薄荷

 甜椒

 接骨木

 菸草

 茶葉

 椴樹

 馬鞭草

 矮灌木

各種辛香料

 八角

 肉桂

 丁香

 芫荽

 咖哩

 薑

 月桂葉

 肉豆蔻

 白胡椒

 黑胡椒

 甘草

 迷迭香

 百里香

 香草

 番紅花

 紅椒粉

烘培燻烤類

 可可

 咖啡

 焦糖

 巧克力

 煙燻味

 瀝青

 摩卡咖啡

 烤麵包

 杏仁糖

森林地被類

 洋菇

 落葉

 雞油蕈

 腐土

 青苔

 泥土

松露

動物類

 琥珀

 蜂臘

 麝香貓

 皮革

 皮草

 野味

 肉汁

 麝香

礦石類

 白堊（粉筆）

 鵝卵石

 石油或燃料

 碘酒

 火藥（煙火）

打火石

礦石類的氣味在葡萄酒中並不常見，但確實存在。當你感受到它時，你大可篤定這是一瓶非常好的酒。

有缺陷的氣味

 紙箱

 花椰菜

 馬廄

 天竺葵

 軟木塞

 霉味

 洋蔥

 爛蘋果

 腐爛味

 體味

 倉庫

 粗麻布

 硫磺

 汗味

 貓尿

 醋

季節的輪替

葡萄酒的香氣絕對不會一成不變的，它會在瓶中演化，會隨著歲月而改變。改變甚至會在一瞬之間，就從你打開酒瓶、倒入酒杯的那一刻開始。

葡萄酒的生命週期

葡萄酒自有其生命週期：少年時年輕氣盛，接著邁入成熟期並到達巔峰，之後開始走下坡直到衰老。而葡萄酒的香氣表現如同四季的交替，一款年輕的酒宛如在春天踏著輕快步伐，冬天則象徵其生命的終點。這種比喻不失為辨別葡萄酒成熟度的好方法（通常五年會是一個分水嶺：適合陳年的酒依舊年輕，適合新飲的酒則已經垂垂老矣）。

年輕的酒
春天

青草與草本植物、芽苞、各類花卉、新鮮水果、帶酸味的果實、各種糖果。

壯年的酒
夏天

乾燥的草本植物、香料、成熟的果實、燉煮過的水果、針葉樹、燒烤與烘培香氣、石油或礦石味。

中年的酒
秋天

水果乾、果泥、蜂蜜、餅乾、森林地被、蘑菇、菸草、皮革、皮草與其他動物氣味。

衰老的酒
冬天

糖漬水果、野味、麝香、樹脂、松露、泥土。過度老化的酒會出現腐肉、爛水果、發霉蘑菇等氣味，到最後香氣將一點不剩。

葡萄酒的黃金時刻

很少有葡萄酒能「四季」都處在生命週期的巔峰。如果一款酒展現出秋天美麗花束的香氣，要它同時像春天般清新可人是幾乎不可能的，就如同你不能叫一位老哲學家去扮演一位年輕力壯的足球員一樣。

香氣的三個階段

發酵與香氣

　　每一個品種的葡萄都擁有獨特的香氣，無論明顯與否，都需要藉著發酵才能釋放出來。葡萄酒在發酵過程中會產生絕大部分的香氣，其他的則會在熟成培養的過程中慢慢顯露。釀製葡萄酒，不只是為了產生酒精，同時也是為了創造獨一無二的香氣！

　　根據葡萄酒的釀製過程，我們可以把香氣分成三個階段：

**1 第一階段：
原始香氣**

葡萄本身的香氣，會在酒精發酵的過程中被釋放出來。

香氣類型：果香、花香、草本味、礦石味。

**2 第二階段：
釀造香氣**

根據不同酵母本身的氣味，還有乳酸發酵產生的香氣。

香氣類型：果醬、糖果、糕點類的香氣。

**3 第三階段：
窖藏香氣**

木桶培養與瓶中陳年產生的香氣。

香氣類型：木質香、辛香料、燻烤與烘培的焦香、森林地被與動物氣味。

小字彙：

「窖藏香氣」（bouquet）＊指的是成熟或陳年葡萄酒的香氣，來自第三階段（但也有某些香氣是來自第一階段）。一瓶帶有窖藏香氣的好酒，通常給人成熟、穩重的印象，如同置身於一間堆滿花束的花店，充滿各種香氣卻依舊美好協調。

＊譯註：bouquet 在一般法文中指的是花束，用於品酒則代表陳年的香氣。

酒壞了！

這瓶酒的氣味聞起來不太妙？面對這種情況，除了把酒倒掉之外，也沒有其他法子了。

無法挽救的缺陷氣味

葡萄酒常會因為某些因素，出現多種令人不悅的氣味。

 拿來釀酒的葡萄不夠成熟：聞起來有貓尿、草皮、綠胡椒的味道。

 葡萄酒有軟木塞味：起因於藏在軟木塞內的細菌（市售葡萄酒約有 3-5% 的感染機率），聞起來有霉味或軟木塞腐爛味。

 葡萄酒醋化：聞起來像醋或是去光水。

 葡萄酒儲存不當：葡萄酒暴露在光線下，或是儲存在受潮的紙箱裡因而沾染味道，聞起來有灰塵或紙箱味。

 葡萄酒氧化：聞起來像馬德拉酒、胡桃堅果，或是過熟甚至發霉的蘋果。（不包括馬德拉酒或其他以氧化培養釀製的酒。）

 硫化物影響：酵母菌在缺乏空氣的環境下，與葡萄酒中的硫化物結合產生的氣味，聞起來像臭雞蛋。

 細菌感染：在熟成的過程中，葡萄酒被一種稱為「酒香酵母」（brettanomyces，簡稱 bretts）的細菌感染，可能會產生類似汗水、馬廄、抹布或排泄物的氣味。

還原味：年輕葡萄酒的缺陷

有些葡萄酒開瓶後，會飄出一股類似花椰菜、腐爛的洋蔥，甚至瓦斯的氣味，一般稱為「還原味」，起因是葡萄酒中的硫化物，或是酒瓶中缺氧導致。其實這個問題並不嚴重（雖然聞起來很嚴重），因為這只是暫時的。

我們要如何消除還原味，使葡萄酒恢復香氣呢？

空氣
強力的換瓶醒酒，甚至再加以劇烈搖晃，最壞也就是等個幾小時（是的，會錯過晚餐時間，需等到隔天）。

銅板
如果真的時間緊迫，你可以在醒酒瓶裡丟入一枚乾淨的銅板。銅可以加速氧化與硫分子的還原。

品酒時的各種災難

鼻塞，酒沒醒

感冒鼻塞：你的呼吸道裡塞滿了黏液，根本什麼都聞不到。這的確很令人沮喪，請好好保重，你可以擇日再品酒。

酒沒有醒：葡萄酒裝在瓶子裡好幾個月沒有被打開，香氣也被封住了。這種令人懊惱的情形可能會持續好幾個月，你必須使用醒酒瓶，增加葡萄酒與空氣的接觸。尤其是對付某些難搞的酒，需要提早好幾個小時來醒酒。如果酒醒了一整晚，香氣仍未恢復，建議你將它留到隔天中午再享用。

聞到難聞的氣味

打開一瓶葡萄酒或許會讓你體驗到各種不好的氣味：軟木塞的孔隙太多讓空氣滲入，導致酒變質；受細菌感染的軟木塞，連帶讓整瓶酒都染上發霉的味道；開到一瓶聞起來像排泄物的葡萄酒……各種糟糕的狀況都有可能發生。品嚐葡萄酒，必須冒著花了錢卻換來失望的風險，然而只要做好心理準備，聞到難聞的酒也沒什麼好大驚小怪的。一瓶好的酒能讓晚宴盡興，不好的酒也不至於敗壞興致。

你對氣味的感受與眾不同

你明明在杯中聞到大黃的氣味，侍酒師卻問：「你有聞到那怡人的葡萄柚香氣嗎？」呃，並沒有……沒關係，因為這一點都不重要！每個人對氣味的認知與感受都不一樣，它取決於你的飲食文化背景以及遺傳基因。不要讓他人的感受來影響你的感受，這是品酒非常重要的一個觀念。如果你是唯一一個聞到大黃香氣的人，不必感到不好意思，大聲說出來。有趣的是，如果你特別不喜歡某種氣味，反而更能夠輕易地嗅出來。

口中的葡萄酒

如何「品」酒？

一般品酒有兩種方法，重點是，無論哪一種方法，你都得讓酒進到嘴巴裡！

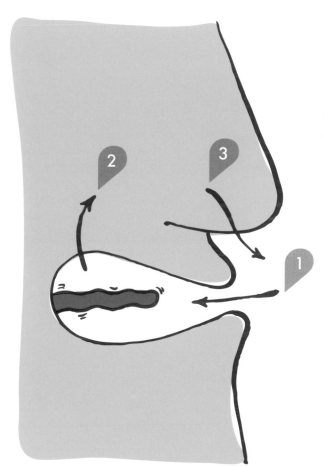

啜飲葡萄酒

如果某人在喝葡萄酒的時候，發出了奇怪的吸吮聲，代表他正在啜飲葡萄酒。原則就是把酒含在嘴巴裡，同時吸氣，簡單的步驟如下：

1. 把嘴嘟起來，嘴型像「鳥嘴」一樣。
2. 從嘴巴吸入空氣，讓酒在你口中攪動、回溫並展現風味。
3. 從鼻子吐氣，讓空氣帶著香氣循環上升，抵達你的嗅覺感官。

咀嚼葡萄酒

沒錯，就像在咀嚼一塊牛排一樣！這種方法更簡單，效果跟啜飲法相同，都能讓口中葡萄酒的風味完整展現出來。

你可以選擇自己喜歡的方法，或將兩者結合：啜吸之後咀嚼葡萄酒，或先咀嚼後啜吸。或是讓舌頭靠近上顎抖動，以嚐到葡萄酒的甜、酸、苦等所有味道、在口腔中的所有香氣，以及其他感受（如刺激與收縮等）。

味道

 苦味：細緻的苦味等同於優雅，我們可以從某些白葡萄品種中找到它，例如隆河地區的馬姍（marsanne）、西南區的莫札克（mauzac），或東南區的侯爾（rolle）；但過多的苦味則會讓人感到不舒服。它時常出現在「尾韻」中，等其他味道消失後才會顯現。對於不吃苦苣、不喝啤酒、不碰濃茶與咖啡的人來說，一點點苦味都會特別敏感。

 甜味：就是葡萄酒裡的糖分，其每公升含量可從 0 至 200 克以上！最明顯的例子好比索甸（Sauternes）的貴腐甜酒，或班努斯（Banyuls）和莫利（Maury）的加烈甜酒。我們對於甜味的感知是立即的，但若平常吃得越甜，味蕾對於甜味的敏感度就越弱。

 鹹味：葡萄酒很少顯露鹹味，除了某些比較活潑或尖銳的白酒，像是蜜思卡得（Muscadet）白酒。

 酸度：可以撐起葡萄酒的架構，是不可或缺的支柱。沒有酸度的葡萄酒等於沒有未來（不適合陳年）。適量的酸度能促進唾液分泌，有助於開胃。相反的，過多的酸會讓舌頭與喉嚨緊縮，嚐起來令人不舒服。

超甜型白葡萄酒
超甜型白葡萄酒每公升含糖分超過 45 克，例如：阿爾薩斯選粒貴腐葡萄酒（SGN）；波爾多的索甸（Sauterne）貴腐甜酒、巴薩克（Barsac）貴腐甜酒；西南產區的蒙巴季亞克（Monbazillac）、居宏頌（Jurançon）甜酒；羅亞爾河的邦若（Bonnezeaux）、休姆-卡德（Quarts-de-Chaume）甜葡萄酒、梧雷（Vouvray）甜白酒；德國的精選貴腐甜酒（Trockenbeerenauslese）；德國、奧地利、加拿大的冰酒；匈牙利的托凱甜酒（Tokaji）……

甜型白葡萄酒
甜型白葡萄酒每公升含糖分 20-45 克，例如：阿爾薩斯遲摘型葡萄酒（Vendanges Tardives）；羅亞爾河的萊陽丘（Coteaux-du-Layon）、蒙路易（Montlouis）或梧雷（Vouvray）甜酒；西南產區的居宏頌、維克畢勒（Pacherencdu-Vic-Bilh）、貝傑哈克丘（Côtes-de-Bergerac）甜酒；德國精選型葡萄酒（Auslese）……

微甜葡萄酒
微甜（sec）和半甜（demi-sec）等級的香檳；半甜（demi-sec）等級的羅亞爾河白酒，如蒙路易與莎弗尼耶（Savennières）；法國南部的紅酒、地中海沿岸的白酒……

 小字彙：
形容葡萄酒的酸度（由弱至強）：
平乏、溫和、清爽、鮮活、強勁、尖銳、刺激。

圓滑或刺激？

除了酸甜苦，我們的舌頭還能感覺到其他不同的味道，例如金屬味（令人不舒服）、辣味、油膩、灼熱……

葡萄酒的圓滑度

酒精：如果酒精味太明顯會讓喉嚨感到灼熱。
甘油：發酵過程中形成的甘油，給葡萄酒增添脂滑感，帶給味蕾奶油般的滑順感受。這種油脂感會因酒款而異。

葡萄酒的架構

我們可從這兩個項目來評估葡萄酒的架構：酸度（下圖中的垂直線）和圓滑度（下圖中的水平線）。下圖用圓滑度和酸度的不同比例，羅列出四大種類。

令人心「醉」的葡萄酒，飽滿、充滿熱情，有一定的質量，通常是口感強烈的迷人紅酒。如果缺乏酸度，喝起來會有相當程度的灼熱感，容易令味蕾疲乏並倒胃口。這類型的酒通常來自氣候炎熱的產區，或是帶有甜味但缺乏酸度的白酒。

紅酒：隆格多克、南法、南美洲或美國加州

清爽型的葡萄酒，口感鮮活、微酸、有稜有角，喝起來爽口，甚至有點刺激，通常是非常不甜的白酒或易飲型的紅酒。如果酸度太高，往往是因為葡萄不夠成熟。

白酒：阿爾薩斯以白皮諾（pinot blanc）葡萄釀的白酒，羅亞爾河蜜思卡得（Muscadet）產區白酒，波爾多、小夏布利（Petit Chablis）、侏羅（Jura）或薩瓦（Savoie）等產區的白酒
紅酒：羅亞爾河和薄酒萊以加美（gamay）葡萄釀的紅酒、勃根地以黑皮諾（pinot noir）葡萄紅酒

濃郁的葡萄酒，口感渾厚、完整、層次豐富，是令人讚嘆的酒！它的口感強而有力，同時具備酸度與圓滑度，喝起來非常舒服。這類酒款通常具備陳年潛力，而且價格不菲。

白酒：勃根地、波爾多、羅亞爾河、隆格多克
紅酒：波爾多、隆河丘、西南產區、勃根地

小字彙：
形容葡萄酒的油脂與圓滑度（由弱至強）：生硬、融合、圓潤、飽滿、滑膩。

清瘦的葡萄酒，嚐起來纖細、淡薄。不會是高級酒款，也沒有非喝不可。

葡萄酒的雙腿

　　「啊，這款葡萄酒有雙出色的腿！」這是出自於法國作家拉伯雷（François Rabelais）的描述，形容一款酒圓潤、迷人且酒體飽滿。現在的品酒人士幾乎已經不這麼形容了，儘管如此，我們還是可以借用有趣的大腿比喻，來描述各具特色的葡萄酒。例如隆格多克的卡利濃（Carignan）紅酒彷彿有一雙如運動員般粗壯有力的腿，勃根地的紅酒則擁有一雙苗條纖細的腿。你可以根據場合，想像自己現在適合什麼樣的一雙腿！

萊陽丘的白酒

勃根地的黑皮諾紅酒

安茹的粉紅酒

波爾多的紅酒

隆格多克的
卡利濃紅酒

葡萄酒的單寧

喝葡萄酒，一定要認識單寧。單寧可以說是紅酒的宇宙，有時也包含了粉紅酒的宇宙；白酒則通常不含單寧。

什麼是單寧？

單寧會讓我們的舌頭、甚至整個味蕾都覺得乾澀，感覺就像是喝了一杯太濃的茶，因為茶也含有單寧。有些紅酒的單寧含量較少，有些含量偏多，我們也因此而清楚感受到這款酒是細緻或粗糙；就像你的舌頭是被絲綢包裹，或是有人在上面鋸木頭。想要品酒，我們應該學著分辨葡萄酒中單寧的優劣與多寡。

單寧從哪裡來？

單寧主要來自葡萄皮、葡萄籽與梗（連接葡萄樹與果實的梗，因為單寧含量太高，通常在榨汁前就會去除掉）。紅酒的釀製過程與白酒不同，酒農將葡萄的果汁、果皮與籽一起浸泡，這些物質就會釋出單寧。單寧能撐起葡萄酒的架構，也是讓葡萄酒禁得起陳年的要素。

小字彙：

形容單寧的強度：稀薄、順口、帶有單寧感、具收斂性、苦澀。
形容單寧的特性：粗糙、刮舌、細緻、柔軟、如絲綢般。
可參考下列圖示：

微量單寧	單寧粗糙刺激	單寧具收斂性	單寧細緻	單寧如絲綢般滑順

窺探後韻

你知道如何同時運用鼻子與嘴巴來感受氣味嗎？這種方法是讓氣味從另一條捷徑（鼻子後面）進入鼻腔，又稱為「回溯嗅覺」。其實我們每天吃東西的時候都在使用這種方法！

有兩種方式可以觸發我們的嗅覺黏膜：直接用鼻子聞，或是讓氣味經過舌根後面進入鼻腔。這兩種方式都可以讓我們感受到食物的味道。吃東西的時候捏住鼻子試試看：食物是不是變得索然無味了呢？

就品酒來說，回溯嗅覺比一般嗅覺更敏銳。它能幫助我們確認先前殘留的或難以察覺的氣味，讓我們拼湊出一款酒的完整面貌（香氣）。某些專業品酒者還會利用三餐進行特訓，讓自己的嗅覺更靈敏。

1 空氣
2 葡萄酒
3 香氣
4 呼氣

嗅覺黏膜

小字彙

想要當個專業的品酒者，就得試著去感受從鼻子聞到的氣味，和從鼻腔後方聞到的香氣有什麼差別。

已經不見，但依舊存在

有時在吞下葡萄酒之後的幾秒鐘內，我們會感覺葡萄酒仍停留在舌頭上，彷彿它還在我們的嘴裡，這就是所謂葡萄酒的尾韻。有時尾韻殘留的香氣與口感會停在口中或長或短一段時間，這就是葡萄酒的尾韻長度。無庸置疑地，擁有悠長且令人愉悅的尾韻，代表這絕對是一瓶好酒！

小字彙

酒尾（Caudalie）指的是計算葡萄酒尾韻長度的單位，事實上它以秒數來計算。若一款酒的尾韻在口中可以持續七秒，那它的酒尾就是七。但是這種說法現在已經不流行了，因為使用起來不免讓人覺得有些做作。

盲品

不需要關燈！盲品葡萄酒的意思是在不看酒標，即對酒一無所知的情況下品嚐：不知道產地、年份或價格。這是最客觀且最具教育意義的探索葡萄酒方式。也可以用黑色的玻璃杯品嚐來擺脫視覺的影響。

視覺的影響

在日常生活中，視覺是最常用的感官，並支配著所有其他感官。因此，視覺可能會誤導判斷，甚至影響大腦的其他部分：如果一道菜賣相不佳（例如動物腦或昆蟲雜燴），看起來就不太好吃；如果酒標上標示著知名的產區名稱，這瓶酒似乎就比較好喝。許多測試已證實了這點，即使對專業人士來說也是如此：酒標上提及特級風土（grand terroir）或價格較高的葡萄酒，會被視為優於具有普通酒標且價格低廉的同款葡萄酒。更令人驚訝的是，只要在白葡萄酒中添加紅色色素，大多數的品嚐者都會聞到紅色莓果的香氣！我們的嗅覺非常多變，很容易被其他感官所愚弄。因此在品嚐時，請留意我們所見。

地區名
法定產區

用黑色玻璃杯玩盲品

搞不清楚是紅酒還是白酒？這是有可能的。使用不透明玻璃杯，可加深品酒的難度。為了判定顏色，這時必須用鼻子展開調查：柑橘類水果、布里歐的香氣代表這是白酒；黑色水果、皮革和煙草的氣味則是紅酒的標誌。

但如果是介於白酒的濃郁木頭香和紅酒的淡淡果香之間的氣味，就很容易出錯，而秘訣就在你嘴裡。只有在入口後才能辨別這酒中是否有單寧，如果有，這很可能是紅酒。如果舌頭因酸味而縮起來，這可能是白酒。

還有一道難題：粉紅酒！介於兩者之間的粉紅酒通常應令人想起紅酒的香氣和白酒的質地，但很容易混淆。

如何進行？

和朋友準備一個不具名的酒瓶（例如可套上襪子）。如果可以的話，請使用不透明的黑色酒杯。品嚐並寫下你的評論。不必持續超過五分鐘。你的角色將是對杯中物進行真正的盤問，任何問題都是允許的。依序進行漏斗型思考：從最廣泛的觀察，直至最精細的評估。

觀察

至少要注意三點：

－顏色的細微差別：可提供關於葡萄酒年輕或陳年的資訊。

－顏色的濃度：如果葡萄酒的顏色淡，表示葡萄酒來自晴朗的氣候，如果葡萄酒顏色很深，則表示來自炎熱的氣候。請注意一些陷阱：在木桶中陳釀的白酒會比在酒槽中釀造的地中海白酒呈現出更金黃的顏色。也有一些葡萄品種，即使生長在溫暖的地帶，但顏色並不是很鮮豔。

－酒淚：如果酒淚多而濃稠，這種葡萄酒肯定含有較高的酒精濃度或糖分。

感受

先從最突出的氣味開始，接著判斷香氣家族。

從此家族中做選擇，也可以留意成熟度。

這時從腦袋中消除這種氣味，並試著解讀第二種、第三種氣味……

試著詮釋這些氣味：木頭和香草味代表曾經過木桶釀造；果漬味顯示葡萄曾經過大量陽光照射；相反地，微酸或綠色水果的香氣表示缺乏熱度。

品嚐

入口後，可從三至四種角度來分析葡萄酒：酒精度、酸度、單寧，可能還有糖分。最突出的味道是什麼？喉嚨是否因酒精而發熱？還是單寧讓你口乾舌燥？香氣是否有所變化？這種葡萄酒是單純還是複雜？是優雅還是具熱鬧節慶氣氛？

最後，最讓你印象深刻的是什麼？這種酒給你的整體印象是什麼？你可以用一個詞或簡單的語句來概括嗎？

｜4｜

推斷

這個階段，你可以推論這瓶酒來自哪個地區、法定產區，甚至是年份。如果你有靈感的話，也可以嘗試猜測釀造者、莊園或酒莊。

比較

與你的朋友們比較結果，並驗明葡萄酒的真身！請留意，你的感受可能和旁邊的人不同。你是不是徹底搞錯？這絕對沒什麼大不了的。也許你累了，感冒了，壓力大……或單純只是因為之前喝下的酒而變得遲鈍！請好好享受你的夜晚，下次你會做得更好。

｜5｜

外觀	細微差異				
白色	◉ 綠色 ◉ 蜂蜜色	◉ 灰色 ◉ 銅色	◉ 檸檬黃 ◉ 琥珀色	◉ 淡黃色 ◉ 栗色	✗ 金黃色
紅色	◉ 紫色 ◉ 棕紅色	◉ 紫紅色 ◉ 紅磚色	◉ 紅寶石色 ◉ 栗色	◉ 石榴紅色	◉ 淺黃褐色
粉紅色	◉ 灰色 ◉ 紅醋栗色	◉ 膚色 ◉ 石榴紅色	◉ 杏黃色 ◉ 紫紅色	◉ 橙紅色 ◉ 銅色	◉ 牡丹紅色
濃度	◉ 淡色	✗ 深色	◉ 濃烈	◉ 暗色	
酒淚	◉ 淡	✗ 濃			
氣泡	◉ 細小	◉ 粗大	◉ 少	◉ 濃厚	

品酒紀錄表範例

嗅覺	香氣類型			香氣
第一印象	☒ 果香 ○ 烘培香 ○ 燻烤 ○ 礦石	○ 花香 ○ 木質香 ○ 動物 ○ 缺陷	○ 草本 ○ 香辛料 ○ 森林地被	黃色水果： 杏桃 熟透的杏桃
第二印象	○ 果香 ○ 烘培香 ○ 燻烤 ○ 礦石	☒ 花香 ○ 木質香 ○ 動物 ○ 缺陷	○ 草本 ○ 香辛料 ○ 森林地被	濃郁白色花香： 茉莉花
第三印象	☒ 烘培香 ○ 果香 ○ 燻烤 ○ 礦石	☒ 花香 ○ 木質香 ○ 動物 ○ 缺陷	○ 草本 ○ 香辛料 ○ 森林地被	介於花香與烘培的香味：蜂蜜
嗅覺強度	○ 微弱	○ 中等	☒ 濃郁　○ 強烈	

味覺	香氣類型			香氣
回溯嗅覺	☒ 果香 ○ 烘培香 ○ 燻烤 ○ 礦石	○ 花香 ○ 木質香 ○ 動物 ○ 缺陷	○ 草本 ○ 香辛料 ○ 森林地被	淡黃色的水果： 檸檬

持續出現的香氣	檸檬與蜂蜜香氣持久

甜度	○ 無	○ 微甜	☒ 甜	○ 非常甜	
圓滑度	○ 封閉	☒ 圓潤	○ 飽滿	○ 滑膩	
酸度	○ 平乏	○ 清爽	☒ 鮮活	○ 強勁	○ 刺激

單寧（量/質）	☒ 無　　○ 微弱　　○ 順口　　○ 明顯　　○ 具收斂性　　○ 苦澀 ○ 如絲綢般　○ 柔軟　○ 細緻　○ 粗糙　○ 刮舌

酒精度	○ 微弱　　○ 輕巧　　○ 飽滿　　○ 溫熱　　○ 灼熱

口感	○ 微弱　○ 乾扁　○ 細微　○ 清淡　○ 鮮活　○ 微酸　○ 刺激 ○ 迷人　○ 熱情　○ 沉重　○ 濃稠　○ 豐富　☒ 渾厚　○ 飽滿 ○ 生硬　○ 濃烈　○ 結構完整

總結	甜酒，優雅，均衡

我認為這是一款微甜型的白酒，口感圓潤，葡萄品種是白梢楠。如果產自法國，應該是來自羅亞爾河地區，根據它優雅與活潑的特性，我猜是梧雷產區的白酒？

均衡問題

你幾乎掌握了品酒的所有步驟，現在只缺如何做出結論。並不是將葡萄酒的單項特徵累積起來，就等於完整的描述。以人為例，若要你形容自己的好朋友，你會說他身高 176 公分、體重 75 公斤、綠色眼珠，還是面容姣好、親切風趣呢？

如果口感表現強烈

酒精感太重會有灼熱感，酸度帶來鮮活口感，苦澀則來自單寧……儘管整體表現失衡，一款酒依然可以展現出自我特色。

如果口感均衡

酸度與圓潤達到平衡的白酒？酸度、酒精、單寧三方鼎立的紅酒？這些都是好喝的酒，但一款口感均衡的酒其實沒那麼「神聖」，某些酒在不均衡的狀態下表現更顯精彩。

再者，這種模糊的概念也會受產區影響：法國南部地中海沿岸的酒通常酒精感較重，北方的酒則通常酸度較高。

比均衡更重要的是，喜歡與否

最後，你必須思考一個最根本的問題：你喜歡這款酒嗎？如果喜歡，你應該馬上可以說出原因，是因為香氣、酒體結構，還是整體均衡感？

一款表現均衡、沒有缺陷、符合所有條件的好酒，你不一定會喜歡，而理由可能只是因為這款酒……令人感到無聊！別小看這個想法，因為一個小缺陷能為一瓶酒帶來更大的魅力。例如一瓶陳年的依更堡（Château d'Yquem，法國最出名的貴腐甜酒）可能會帶有輕微揮發性的酸味（介於漆、膠水與醋的味道），而這正是它受到喜愛的原因之一。

葡萄酒的類型

填完評量表後，你應該可以歸納出剛才品嚐的酒屬於下列何種類型：

白酒

不甜且偏酸　　不甜　　口感濃郁　　微甜　　很甜
　　　　　口感圓潤　帶有木桶味　帶水果香　有果醬香
　　　　　充滿香氣

紅酒

口感清淡　　簡單帶果香　　口感柔順　　口感強勁
　　　　　　　　　　　且迷人　　有辛香料香氣

吞下去或吐掉？

**如果你是參加宴會或聚餐，
你得把酒喝下去。**

▶ 因為如果你是餐桌上唯一把酒吐掉
的人，只會讓你看起來很做作。

▶ 因為把酒吐掉這動作看起來一點都
不性感。

▶ 因為在用餐的時候吐酒，有可能會
讓你吐出別的東西。

▶ 因為適量飲酒能令人感到愉悅，如
果你也樂在其中，就無需剝奪這項
樂趣。

例外：如果你參加的是一場品酒會、如
果你還要開車、如果你懷孕了，請盡量
不要喝酒。

**如果你是參加酒展或品酒會，
你必須將酒吐出來。**

▶ 因為喝醉的品酒者與一般人無異，
不僅顯得笨拙尷尬，而且容易危險
駕駛。

▶ 因為酒精會讓人反應遲鈍，會影響
你對酒的評論。

▶ 因為酒精會影響你的嗅覺與味覺，
喝到一定的量之後，你會無法區分
酒的香氣與口感的不同。（是酒精
讓你的味蕾灼熱，還是你喝到全身
發熱？）

▶ 因為酒精會讓人麻痺，你可能會開
始亂買東西。

如何優雅地吐酒？

乖乖順從地心引力，不要想去控制吐酒的方向和「射程」。

低下頭，避免酒流到下巴。挽起你的頭髮、領巾、外套等一切有可能會被酒濺到的東西。

將嘴唇嘟成「O」型，但是注意不要讓自己看起來呆呆的。

« LE BEAUUU VIN »

進階技巧

以吹口哨的力道將酒吐出。如果你只是單純將酒吐到吐酒桶，會發出像在廁所小號一樣的聲音，這樣一點也不優雅。

是品酒，不是酗酒

酒精為惡，葡萄酒為善

所有的葡萄酒愛好者必須了解：品酒是一種帶有責任的品飲行為。

 請切記中世紀醫學家帕拉賽爾蘇斯（Paracelse）的名言：「**劑量的多寡，決定你吃下肚的是毒藥還是解藥！**」

 一次半杯酒：品酒最好一次半杯就好，這樣喝三杯的量就可以品嚐六款不同的葡萄酒。

 世界衛生組織建議：成年男性一天不要喝超過三杯葡萄酒，女性則不要超過兩杯。參加聚會時最好不要喝超過四杯，一週應有一天休息完全不喝酒。

 一杯水：養成早起喝一杯水的習慣。有格言如是說：水能讓你止渴，酒能讓你歡愉。

 飲酒過量：酒精會對肝臟、胰臟、胃、食道、咽喉、大腦等器官造成傷害，導致肝硬化與癌症。當常態性的飲酒變成習慣，可能進而變成重度酒精依賴。在法國，酒精中毒是第二大死因（僅次於吸菸）。

法式悖論（French Paradox）

　　為什麼法國是全球葡萄酒消費量第一名（平均每人每年 50 公升），心血管疾病罹患率卻低於其他國家？這就是所謂的法式悖論。

　　適量飲用葡萄酒其實能帶來一些好處。根據 2011 年，一份針對一般大眾的抽樣報告指出，少量的葡萄酒能降低罹患心血管疾病的風險至 34%（一天喝一至兩杯），並可預防第二型糖尿病，還有如阿茲海默症、帕金森式症等病變。在法國西南部，人們飲食油膩但經常喝高單寧的葡萄酒，因單寧驚人的抗氧化功效，讓當地人罹患心血管疾病的機率遠低於法國北部的人。

尋找夢想中的葡萄酒

有了一些品飲經驗後，你可以開始找出喜愛的口味，並有機會買對自己真正喜歡的酒。

酒槽或橡木桶？

你喜歡

果香、花香、乾燥草本或是花草茶的香氣？爽口、輕盈、鮮活且帶點酸度？那麼，你是屬於酒槽熟成的葡萄酒愛好者。

為什麼？

因為水泥或不鏽鋼材質的酒槽不會為葡萄酒添加任何香氣和口感，可說是一種很「中性」的容器。用這種方式培養出來的葡萄酒，可以表現出葡萄品種本身的風味和特色。

你喜歡

果香混合著木頭、樹脂、香草、椰子、丁香、烤麵包、杏仁糖、焦糖的味道？口中有芬芳、圓潤、絲滑的感覺？那麼，你是屬於橡木桶熟成的葡萄酒愛好者。

為什麼？

因為橡木桶會與葡萄酒產生作用，賦予酒新的香氣，改變單寧、色澤與酒體架構。

 木桶味

在過去二十年間，市場上曾經非常流行帶有強烈木桶味的葡萄酒。許多酒莊選擇在酒槽中放入木板或木塊，在降低成本的同時重現橡木桶熟成的風味。然而到了現在，人們對桶味過重的葡萄酒早已失去興趣。

木桶的製作過程，大大影響了葡萄酒最後所呈現的風味。

木頭的選擇
橡樹是最被廣泛使用的木材。
栗樹的品質較差，已經漸漸沒有人在使用。此外，有些樹木具有少見的香氣，會拿來製作特殊的木桶，例如白堅木或相思樹。

木頭的產地
以橡樹來說，美國橡樹（巧克力香氣、甜味）和法國橡樹（香草味）的特色差異就非常大。來自法國 Tronçais 和 Allier 兩處森林的橡木，更是質好量少的珍稀品。

酒桶的燻烤
木桶在製造過程中會經過烘烤，根據火候的強弱，木頭會產生香料、燒烤或是燒焦的氣味，進而帶給葡萄酒香草、焦糖、咖啡和烤麵包的香氣；橡木桶烘烤程度的不同，香氣也隨之不同。

酒桶的年齡
新酒桶可以帶給葡萄酒非常多香氣和單寧，但要是葡萄酒的基礎結構與力量不足，無法將如此豐富的香氣和單寧吸收並融入自身的香氣，使用新桶就顯得多此一舉。此種情況就是所謂的「桶味蓋過了酒味」。反之，超過四年的木桶幾乎已無法為葡萄酒帶來任何香氣，基本上就是一個中性的容器。酒農會根據不同酒款的需要，選擇適當年齡的酒桶。

年輕或陳年？

除了個人口味偏好，這個問題還關係到荷包的深度！通常陳年老酒要比年輕葡萄酒貴上許多，但無論如何，你不必強迫自己假裝喜歡老酒，只因為覺得這樣比較有品味。土壤、菌菇、野味……這些都是非常特殊的氣味，也不是所有人都能接受的。

年輕的酒

如果你喜歡在夏季的果園裡散步、鮮艷的色澤、開滿花朵的院子、清脆的蘋果、多汁的草莓、布瑞塔乳酪、披薩……別懷疑，你絕對適合果味奔放的年輕葡萄酒。

陳年老酒

如果你喜歡在秋天的森林中漫步、經典沙發和雪茄館的氛圍、野豬燉肉、堅果、松露……別管你的荷包了，因為你的味蕾需要的是老酒的滋味！

葡萄品種或風土條件？

當一款葡萄酒追求的目標，是要表現其使用的葡萄品種特色，我們稱之為品種葡萄酒。相反地風土葡萄酒則是在於展現產地特殊的土壤、氣候，以及酒農特色等，即追求展現「風土條件」的葡萄酒。

品種葡萄酒（Vin de cépage）

你覺得葡萄酒不用太貴（當然也不能買便宜的爛酒）、不喜歡裝模作樣、不需要複雜的層次、喜歡和朋友一起看電影邊嗑洋芋片……選擇品種葡萄酒吧！一瓶好的品種葡萄酒大概不會多細緻，但也絕不會難喝得讓你作嘔，非常適合派對暢飲，是大家都會喜歡的流行口味。但別挑選超市裡最便宜的那款，最好選擇大家耳熟能詳的葡萄品種（例如蘇維濃或希哈），並且由大廠牌生產的葡萄酒。

風土葡萄酒（Vin de terroir）

你追求的是對葡萄酒的感動、感受黏土土壤的豐腴或礫石土壤的酸度、古老和被遺忘的葡萄品種的滋味、酒農的雙手對酒產生的微妙差異……毫無疑問地，你想要的是酒農全心照料的風土葡萄酒。這種酒並不一定就會比較昂貴，但在一般的超市裡很難找到，通常要上葡萄酒專賣店，或直接去酒莊詢問，就可以找到好的風土葡萄酒。

舊世界或新世界？

雖然某些新世界（美洲及澳洲）葡萄酒和歐洲葡萄酒很像 —— 反之亦然 —— 偶爾會讓人搞混，但我們還是可以從口感和香氣分辨出兩者的差別。

「新世界」葡萄酒

　　你喜歡喝味甜、滑膩、厚重的葡萄酒？那你極有可能會被新世界葡萄酒收買。它擁有奔放的香草與奶油香氣，口感非常圓潤（偶爾有些肥膩），白酒與紅酒同樣誘惑迷人。你可能會覺得充滿果醬的香氣缺少了點層次感，但喝起來讓人心情愉快。以白酒來說，可以發現許多在歐洲葡萄酒不容易找到的熱帶水果香氣。新世界葡萄酒不僅順口易飲，而且信價比很高！值得注意的是，現在越來越多新世界酒莊致力於釀造精巧細緻的葡萄酒，也生產出許多充滿活力、不容忽視的好酒。

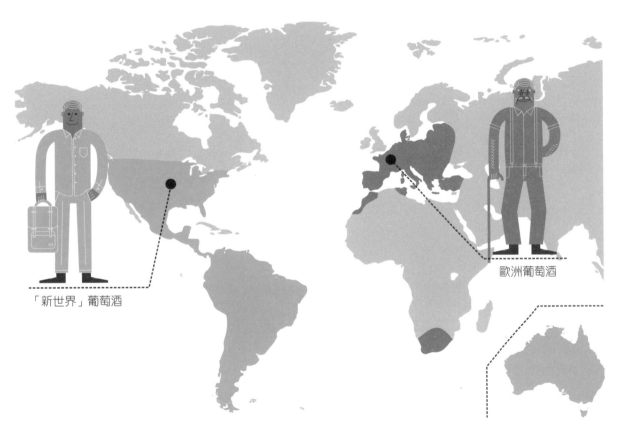

「新世界」葡萄酒

歐洲葡萄酒

歐洲葡萄酒

　　你喜歡清新的口感、緊緻的酸度？你偏好極端內斂的口感？回歸歐洲葡萄酒的懷抱吧！毀譽參半的歐洲葡萄酒雖然少了份甜美，酸度與單寧都很明顯，卻使葡萄酒嚐起來更精巧優雅。但要小心別陷入了歐洲葡萄酒的浮誇和昂貴陷阱！其實許多來自義大利、西班牙和南法的葡萄酒也是非常嫵媚動人，值得一試。

有機、無硫或天然葡萄酒？

技術釀造型的葡萄酒

對這類型的葡萄酒來說，年份、土質甚至產地都不太重要，重點在於追求葡萄酒的均衡感，不過分強調特色，適合作為應酬或嚴肅場合的佐餐酒。依賴現代化種植與釀造技術釀出來的酒，已經越來越能討好並融入普羅大眾的口味。

有機葡萄酒

在同樣的價格下，有機葡萄酒未必絕對優於合理減藥農法（適度使用化學產品）栽種、釀製的葡萄酒。若你基於健康方面的考量只選擇有機葡萄酒，你也必須知道，酒精會比葡萄酒中含有的農藥更有可能損害你的健康。兩者真正的差別在於土壤：有機葡萄園的土壤含有更豐富的礦物質、微生物，也更有生命力。而密集的葡萄栽培則容易在土中累積銅。因此，選擇有機葡萄酒比較屬於策略性的決定，而非基於味道上的決定。

我們的建議

讓我們面對現實吧，適用於各種場合的酒並非我們的最愛：這樣的酒有時既平淡又乏味，但這些葡萄酒的好處是不會讓任何人皺眉頭。許多超市的酒屬於這類，而且通常來自知名的批發商品牌，因此很容易取得。

我們的建議

一塊過度使用化學物質的土地，無法孕育出最美好、風味集中且富含礦石味的葡萄酒。釀造好酒的條件，除了要有好的葡萄，酒窖裡的釀造工作與葡萄園裡的農務同樣非常重要！越來越多世界一流的酒莊開始採用有機或自然動力法栽種葡萄，以此種方法生產的葡萄酒在酒瓶上會貼有 Ecocert、AB、Déméter 或 Biodyvin 的認證標章*。

*詳見本書第三章。

無硫葡萄酒

不含硫的葡萄酒雖然產量少，但在酒吧中越來越受歡迎，現在可以在葡萄酒專賣店和超市中找到。無硫葡萄酒不應與純素葡萄酒（見136頁）混為一談。在釀造和裝瓶過程中不添加硫的葡萄酒，因為缺少抗氧化劑保護，導致它們非常脆弱，對於瓶中的任何狀態都很敏感，保存上也相對困難。無硫葡萄酒可以在不需陳年的情況下飲用，而且使葡萄酒果味濃郁，活潑宜人。但無法長期保存，因為硫具有保護和穩定葡萄酒的作用。

我們的建議

值得留意的是，市面上越來越多的葡萄酒都會提到無硫，但這並非自然或天然葡萄酒的保證：有些不含硫的葡萄酒是以巴氏滅菌法消毒或用維生素C加以穩定。這些葡萄酒較不容易壞，但可能缺少無硫葡萄酒令人喜愛的「生命力」。但無論如何，無硫葡萄酒相對於含大量硫的葡萄酒，比較不容易引發頭痛。

自然葡萄酒或天然葡萄酒

法語區媒體使用的是「自然」葡萄酒，而愛好者則聲稱這是「天然」葡萄酒，兩種稱呼令人難以抉擇。我們也可稱其為「有生命」的葡萄酒。事實上它是自然，也是天然：最低限度的有機條件（甚至採用生物動力法），而且在釀造過程中不添加任何的添加物（只允許最低劑量的硫）。相反地，過往在傳統的釀造過程中，法律允許添加約四十種食品添加物（佐劑、穩定劑、校正劑）。一般來說，在裝瓶前就會去除這些添加物，但即使如此，還是多少會影響葡萄酒的味道。

我們的建議

請注意，因為我們仍缺乏與「自然／天然葡萄酒」相關的完善法律規定，也有許多不肖商人會利用這點。因此，即使你看到了大大的「自然」字樣，也不能作為值得信賴的保證，因為結果甚至可能完全相反。多多洽詢專門販售這類葡萄酒的酒商，總是最保險的。

八月底九月初，對學生和他們的父母親來說，是準備開學與重返工作的季節，生活的節奏再次開始。然而對葡萄農來說恰恰相反，這個時刻代表工作完成，還有歡樂的收成時光。

　　大學生活的最後一年，艾多想趁著暑假到戶外去打工。他是個勇敢強壯的男孩，而他選擇的工作正好需要這二項特質，那工作就是──採收葡萄。他只帶了頂大帽子遮擋炙熱的陽光，就出發前往南部的隆格多克葡萄酒產區。到了葡萄園，人們給他一把葡萄剪，他便開始拿著剪刀收集希哈、格那希、慕維得爾等各個品種的葡萄。他不僅學會了分辨這些品種的差異，也學到從種植葡萄到採收的大小知識。晚上，他與其他的採收者一起共進晚餐，暢飲酒莊自己釀的葡萄酒。在整個葡萄園採收完畢的那天，大家舉辦了一場盛大的慶祝活動。

　　活動結束後，葡萄酒農挽留艾多，希望他在開學前能再留下來幫忙幾個星期。艾多答應了，並且表示自己很想觀摩葡萄酒的釀製工作，而酒莊的人也實現了他的心願。他終於明白葡萄酒為何會一桶一桶存放在酒窖中，還有年份對葡萄的影響有多重要。此後，每當他品嚐葡萄酒，就知道自己口中的氣泡或甜味是從哪裡來的了。

　　這個章節獻給像艾多一樣充滿好奇心的人，讓大家了解杯中的葡萄酒是怎麼變出來的。

HECTOR

艾多種葡萄

從品種到果實
白色的葡萄品種 / 紅色的葡萄品種
葡萄採收的時機 / 葡萄酒的培養熟成

從品種到果實

葡萄剖面圖

梗：含有大量的單寧和不討喜的草本味道。葡萄農在釀酒之前會將它摘除，這個動作稱為「去梗」。

果肉：包含了水分、糖分與酸的成分。除了少數被稱為「染色葡萄」的品種，葡萄果肉通常都是沒有顏色的（白色）。

果霜：一層白色類似蠟質的薄膜，可以保護葡萄果實，減少染病機率。上頭含有釀酒所需的酵母，當它與葡萄裡的糖分接觸，就會發酵產生酒精。

籽：含有美好的單寧（所以咬破葡萄籽時會感覺到苦味），是紅酒結構中不可或缺的一環。

皮：它是著色的染料，是葡萄酒的顏色由來，也是產生香氣的原料。

釀酒葡萄與食用葡萄的差別

　　兩者在品質的要求上不太一樣。我們喜歡吃蛋糕上的葡萄，因為它皮薄多汁，幾乎沒有籽的存在。相反地，釀酒的葡萄果實帶著厚皮，較容易萃取出顏色與香氣，而葡萄籽裡的單寧將為紅酒帶來陳年的保證。

葡萄果實的差別

　　不同品種的葡萄，果實的外形與特徵也會不一樣。以同一品種來說，氣候、風土條件和葡萄農的種植方式都會有所影響。如果雨水多，果粒就會顯得飽滿、膨脹，皮就會變薄；相反地，若遇上乾旱年份，那一年收成的葡萄就會皮厚、個頭小，為即將釀造的葡萄酒濃縮了所有精華與香氣。

葡萄家族

葡萄的品種非常非常多，而且每一個品種都有自己的風格和特徵，有的拿來食用，有的種來釀造葡萄酒。

世界上有一萬多種葡萄，在法國約有二百四十九種被允許用來釀酒，然而其四分之三的葡萄產區僅使用了其中十二個品種。

法國人選用歐洲葡萄種（Vitis vinifera）來釀造高品質的葡萄酒，它也是最被廣泛種植來釀酒的葡萄種類；另一類較常見的則是北美洲葡萄種（Vitis Labrusca）。這兩種都歸在葡萄屬（Vitis），是葡萄科（Vitaceae）家族體系的成員。這個龐大的家族包含所有的藤蔓型植物，例如爬滿屋子外牆的爬牆虎就是其中一個分支。

葡萄家族　　葡萄科

家族分支　　葡萄屬　　　　　　　　藤蔓植物

釀酒葡萄　　歐洲葡萄種

葡萄品種　　夏多內　　　梅洛　　　黑皮諾

CHARDONNAY

夏多內

 果香

 黃檸檬　　 綠檸檬　　 蘋果　　 新鮮杏仁　　 西洋梨

 花香

 椴樹　　 洋槐　　 忍冬　　 馬鞭草　　 蜂蜜

 其他

 奶油　　 榛果　　 烤杏仁　　 奶油麵包　　 香草　　 烤麵包

特色

夏多內個性多變，連葡萄皮的厚度也會隨著種植區域、土壤和種植技術而有所不同。在香氣表現上時而花香多、時而果味多；在勃根地北部的夏布利（Chablis）表現銳利且富礦石味，在加州則變得性感、充滿奶油香。正因如此，它沒有非常明確的香氣，但一般來說可以聞出檸檬、洋槐和奶油的綜合味道，而它也常被置放在橡木桶中，藉此增加燒烤與奶油麵包的香氣。

知名度

葡萄酒界的超級明星。夏多內葡萄不僅釀造出全世界最偉大的白酒，價格也是最昂貴的。此外它也被用來釀造香檳。

生長氣候

冷熱皆宜。夏多內能適應各種氣候，這就是它受歡迎的原因。它所呈現的風貌也會因環境而有所改變：生長在寒冷的環境，可以釀出不甜且富有礦石風味的白酒；反之，生長在較熱的環境，口感則變得豐潤，帶有成熟果味。

哪裡可以找到？

法國：勃根地、香檳區、侏羅區、隆格多克、普羅旺斯
其他地區：美國加州、加拿大、智利、阿根廷、南非、中國、澳洲

SAUVIGNON

蘇維濃

 果香   黃檸檬   綠檸檬   葡萄柚   香檸檬

熱帶果香   鳳梨   百香果

草本與花香   茉莉   青草   黑醋栗花苞   接骨木

其他   煙燻味   打火石   白堊（粉筆）

特色

蘇維濃個性鮮明，在杯中的表現可圈可點。它賦予紅酒清涼、強烈的柑橘果香與嫩草香氣，讓人聯想到春天的來臨與生命的喜悅。藉由葡萄農的巧手和良好的土壤區塊，可賦予它更豐富的煙燻與打火石氣味。口感輕盈活潑，偶爾有點神經質。在發酵期間，可以與波爾多其他品種如榭密雍，混釀出不甜或是甜的白酒，替成品帶來輕盈的美感。

知名度

蘇維濃會變得如此受歡迎，要感謝鼎鼎大名的波爾多與羅亞爾河地區的松塞爾（Sancerre），現在被廣泛種植於世界各地。它釀出來的酒簡單易飲、氣質清新，可以說是白葡萄界的女明星。

生長氣候

適合溫帶氣候。溫度太冷會讓它出現不討喜的青梗味道，甚至出現貓尿味；天氣太熱，就會出現濃郁的熱帶水果味，過多的話會令人感到噁心。

哪裡可以找到？

法國：羅亞爾中央區、波爾多、西南產區
其他地區：西班牙、紐西蘭、美國加州、智利、南非

CHENIN
白梢楠

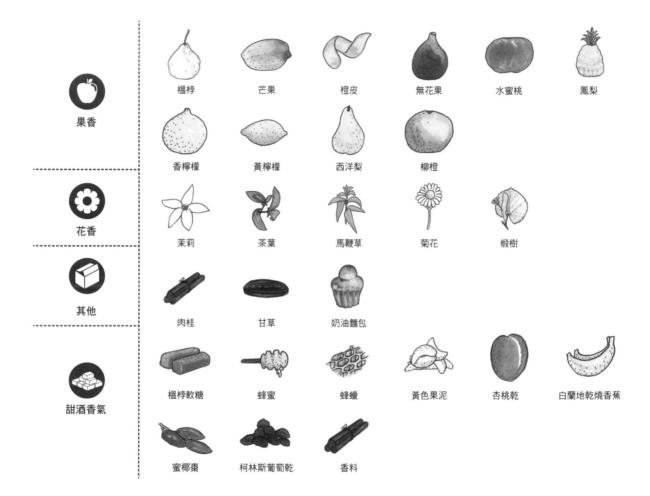

果香

榲桲　芒果　橙皮　無花果　水蜜桃　鳳梨

香檸檬　黃檸檬　西洋梨　柳橙

花香

茉莉　茶葉　馬鞭草　菊花　椴樹

其他

肉桂　甘草　奶油麵包

甜酒香氣

榲桲軟糖　蜂蜜　蜂蠟　黃色果泥　杏桃乾　白蘭地乾燒香蕉

蜜椰棗　柯林斯葡萄乾　香料

特色

鮮活的口感與甜度是白梢楠給人的第一印象。它的柔順與酸度足以被用來釀造氣泡酒、干型*白酒、半干型白酒、甜酒或貴腐甜酒，香氣豐富、風貌變化多端，不需與其他品種混合，有能力獨自釀造出優質的葡萄酒。有些用白梢楠釀製的貴腐甜酒，具有十年以上的陳年潛力。

知名度

最多才多藝的品種之一，目前對大眾來說還是有點神祕。愛好者正在逐漸增加中。

生長氣候

適合溫帶氣候。氣溫太冷會讓它酸度飆高，太熱又會讓果實太早成熟。

哪裡可以找到？

法國羅亞爾河、美國加州、南非

GEWURZTRAMINER

格烏茲塔明那

果香	荔枝	熱帶水果	百香果	橙皮
花香	玫瑰	牡丹		
香料	肉桂	肉豆蔻	甘草	
甜酒香氣	焦糖	皮革	蜜椰棗乾	芒果 蜂蜜 香料麵包
	杏仁糖	水果軟糖		

特色

它的名字來自德文「gewürze」，意思是「香料」。可想而知，它生產的酒常帶有香料味，獨特的玫瑰與荔枝香氣讓人輕易就能辨認出來。它在甜酒的表現上很豐滿、芬芳，但是當它缺少酸度時，濃郁過頭的香氣反而會令人噁心。只要處理得好，它還是可以釀出甜美的葡萄酒。很少與其他品種合併混釀。

知名度

喜好或厭惡它的人通常很兩極，常被拿來當作開胃酒，或是搭配甜點、聖誕節大餐、亞洲料理（中式、泰式，或是壽司）。

生長氣候

適合寒冷的環境，屬於北方或大陸性氣候的品種，對冬天結霜有很好的抵抗力。

哪裡可以找到？

法國阿爾薩斯、德國、奧地利、北義大利

VIOGNIER

維歐涅

果香	杏桃	黃色水蜜桃	白色水蜜桃	糖漬果皮	西洋梨	哈密瓜
花香	紫羅蘭	鳶尾花	洋槐			
其他	麝香	香料	蜜臘	烤榛果	菸草	

特色

維歐涅釀造出來的白酒，最常聞到的香氣就是杏桃與水蜜桃，口感經常表現得有些滑膩肥厚，甚至容易醉人。如果釀造得好，會出現花香與少見的高雅；相對地，要是釀造過程沒處理好，會就會顯得沉重黏糊。它源自於隆河谷地，可以獨自釀出精彩的白酒，也可以與當地品種混合，例如馬姍與胡姍（Roussanne），或是加入希哈來柔化單寧。

知名度

隆河谷地的維歐涅白酒非常吸引人，價格也非常高，不過在新世界地區尚未有太大名氣。

生長氣候

適合溫暖偏高溫的環境。栽種不易，產量少，最大的挑戰是該如何在圓潤的天性與正確的酸度之間取得平衡。

哪裡可以找到？

法國：隆河谷地、隆格多克
其他地區：美國加州、澳洲

SÉMILLON
榭密雍

果香

黃檸檬

橘子

柳橙

香檸檬

杏桃

糖漬西洋梨

無花果

花香

椴樹

洋槐

其他

奶油

甜酒香氣

杏仁糖

蜂蜜

蜂蠟

椰棗

檸檸軟糖

橙皮

果醬

特色

榭密雍對貴腐菌（或稱灰黴菌）非常敏感——這種菌可以濃縮葡萄的糖分，用來釀造知名的貴腐甜白酒——是波爾多地區釀造這種奢華甜白酒的主要品種。當它被釀成不甜的白酒時，口感滑膩且香味不明顯，但還是可以陳年保存；當它被釀成甜白酒時，才能將所有的優點表現出來。然而榭密雍從不曾單獨釀酒，它最要好的合作夥伴就是能帶來圓潤口感的蘇維濃，有時也會加入蜜思卡岱勒（Muscadelle）。

知名度

釀酒葡萄界的冠軍品種。索甸（Sauternes）貴腐甜白酒銷售得很成功，而且被全世界的的葡萄酒愛好者收藏。

生長氣候

適合溫暖的海洋性氣候，讓貴腐菌可以在秋天順利產生。

哪裡可以找到？

法國：波爾多、西南產區
其他地區：澳洲、美國、南非

RIESLING

麗絲玲

 果香   黃檸檬   綠檸檬   香檸檬   蘋果   黃香李

 花香   忍冬   洋槐   薄荷   椴樹

 其他   石油   打火石

特色

麗絲玲是德國最重要的葡萄品種，常隨著產區土壤的影響而有不同的表現，但沒有任何一種葡萄可以像麗絲玲一樣，將風土表現得如此出色。除了豐富的果香與花香，它最大的武器就是礦石味；唯有偉大的麗絲玲白酒才能呈現如此風味。剛裝瓶的前幾年，優質的麗絲玲會釋放出石油味的特徵，伴隨著礦石的鹹味，包裹著柑橘類的果香與優雅花香。甜或不甜的白酒皆可釀造；甜酒使用的葡萄來自秋天的遲摘葡萄，或是冬天逐粒精選的葡萄，甚至是結冰的葡萄，採收後全部混合再進行榨汁。

知名度

明星品種，與夏多內並稱為全世界最重要的兩種白葡萄。二十世紀時曾一度被人低估了它的價值，幸好在酒農致力於技術改良後再次被發揚光大。

生長氣候

生長在寒涼地區的麗絲玲表現特別優秀，雖然它也可以適應較炎熱的氣候，但釀出來的酒便會失去它應有的高雅層次。

哪裡可以找到？

法國阿爾薩斯、盧森堡、德國、奧地利、紐西蘭、加拿大

MARSANNE
馬姍

果香	新鮮杏仁	水蜜桃	杏桃	蘋果	柳橙	水果乾
花香	茉莉	洋槐				
其他	核桃	松露	杏仁糕	蜂蠟		

特色

馬姍的口感圓潤卻讓人印象強烈，帶有杏仁、茉莉花香與蜂蠟的香氣。以百分之百馬姍釀成的白酒很少，非常適合與其他葡萄品種搭配，尤其是隆河谷地原生的胡姍（Roussane）葡萄。

知名度

不是非常有名的品種，但是與胡姍搭配混釀出來的酒，最能突顯出法國的風土。馬姍亦可與侯爾、白格那希（Grenache Blanc）、維歐涅混釀出好喝的白酒。

生長氣候

適合炎熱氣候、碎石土壤的風土條件。

哪裡可以找到？

法國：隆河谷地、隆格多克、西南產區
其他地區：澳洲、美國加州

ROLLE-VERMENTINO

侯爾 / 維門替諾

 果香

 葡萄柚　 西洋梨　 黃蘋果　 水蜜桃　 鳳梨　 新鮮杏仁

 花香

 山楂　 洋甘菊　 蒔蘿　 茴香　 八角

特色

法國科西嘉島生產的白酒通常以百分之百的維門替諾釀造而成，在當地它的官方名稱叫做「侯爾」。在普羅旺斯地區則經常與其他品種混釀，例如白于尼（Ugni Blanc）、馬姍、白格那希、克萊雷特（Clairette）、夏多內和白蘇維濃，釀出來的白酒口感非常清爽、香氣十足，散發出梨子的香甜和茴香的特別氣味；若混釀時添加的比例不太多，餘味則會出現細細的甜美苦味。

知名度

非常適合搭配夏天的鮮魚料理，但卻難以搭配冬季的食物。簡單來說，它是最適合夏天度假時享用的酒款。

生長氣候

喜好炎熱的環境，非常能適應太陽日照量大、乾燥且貧瘠的土壤。

哪裡可以找到？

法國：隆格多克-胡西雍、西南產區、科西嘉島
其他地區：義大利托斯卡尼、薩丁尼亞島

MUSCAT

蜜思嘉

 果香

 葡萄

 檸檬

 蘋果

 花香

 椴樹

 玫瑰

 甜酒香氣

 蜂蠟

 榲桲軟糖

 果醬

 橙皮

 葡萄乾

特色

希臘的原生品種，早在古希臘時代就有人種植。在歐洲大陸很容易找到蜜思嘉家族旗下的 Muscat Blanc à Petit Grains 品種（又稱 Muscat de Frontignan），它可以釀造不甜但花香濃郁的葡萄酒，也是唯一能釋放出鮮脆葡萄味的品種。在義大利，蜜思嘉被用來釀造細緻的微氣泡酒，在法國南部與希臘則用來釀造天然甜葡萄酒。Muscat de Beaume de Venise 或 Muscat de Rivesaltes 釀的天然甜葡萄酒帶有果醬香味，非常適合搭配甜點，不過別和 Muscat d'Alexandrie、Muscat Ottonel，或是羅亞爾河的蜜思卡得（Muscadet）*干型白酒混淆了。

知名度

蜜思嘉釀的甜酒深受爺爺奶奶喜愛，在年輕人之間就比較沒那麼受歡迎。

生長氣候

適合氣候溫暖的地區。

哪裡可以找到？

法國：阿爾薩斯（不甜白酒）、南部（加烈甜酒）、科西嘉島
其他地區：義大利（不甜白酒或微氣泡甜酒）、希臘（薩摩斯島甜白酒）、西班牙、葡萄牙、奧地利、東歐、南非、澳洲**

*蜜思卡得是羅亞爾河南部的法定產區，使用的葡萄品種為勃根地香瓜（Melon de Bourgogne）。
**義大利人稱它為慕斯卡多（Moscato），在澳洲則稱路斯格蘭（Rutherglen）。

MELON DE BOURGOGNE (MUSCADET)
勃根地香瓜（蜜思卡得）

 果香　 檸檬　 青檸檬　 橘子　 青蘋果　 洋梨

 其他　 碘　 粉筆　 碳氫化合物　 鵝卵石　 打火石　 火藥

特色

儘管此品種名為勃根地香瓜，但它確實是羅亞爾河的葡萄品種，靠近南特的海濱地區。在約 1635 年左右，因葉子的形狀如甜瓜般圓潤，以及源自勃根地而得名。這是用來釀造蜜思卡得的主要品種，也是唯一一獲准生產這個法定產區葡萄酒的品種，這說明了為何它從未出現在混釀中。此葡萄品種帶有一絲海洋氣息，具活潑、細膩的香氣，並帶有檸檬味和碘味。經釀造後，總是會帶來具鹹味的尾韻。搭配海鮮最佳。

知名度

較不為人所知。蜜思卡得舉世聞名，可惜的是，勃根地香瓜的名聲卻給人較廉價、層次感不足的印象。但若照顧得當，這是真正的風土葡萄酒，可陳釀達四十年！

生長氣候

濕冷。1709 年，在經歷嚴冬後（甚至連沿海的海洋都結冰了），勃根地香瓜出現在羅亞爾河畔的山坡上，充分展現抵禦寒冷的能力。

哪裡可以找到？

法國：羅亞爾河
美國（少見）：俄勒岡州、華盛頓州

PINOT GRIS

灰皮諾

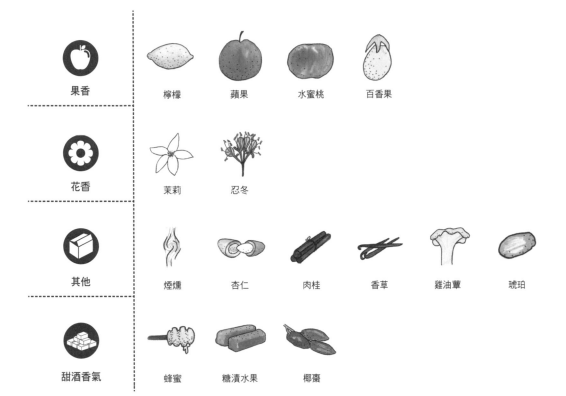

果香	檸檬	蘋果	水蜜桃	百香果	
花香	茉莉	忍冬			
其他	煙燻	杏仁	肉桂	香草	雞油蕈	琥珀
甜酒香氣	蜂蜜	糖漬水果	椰棗		

特色

無論是法國的灰皮諾，還是阿爾卑斯山另一側的灰皮諾，都是同一種葡萄，顏色範圍極廣，從粉灰色到淺紫色，甚至到薰衣草灰色都有。但它令人喜愛的主因，是其香氣的複雜度和細膩程度。義大利的灰皮諾具有檸檬味且清淡；阿爾薩斯的灰皮諾帶有煙燻味、香料味；晚收的灰皮諾味道豐富、醇厚且濃烈。

知名度

行情看漲！在法國不是很普遍，因此鮮為人知，但在國際上贏得了大眾的芳心。人們也熱愛它濃縮的版本。

生長氣候？

寒冷。儘管可以適應高溫，但這種品種的酸度極低，如果溫度升高，味道就會變得厚重。另一方面，它很能抵抗嚴冬。

哪裡可以找到？

法國：阿爾薩斯、羅亞爾河
其他地區：義大利、德國、奧地利、匈牙利、克里米亞、美國、澳洲、紐西蘭

PINOT NOIR
黑皮諾

香氣	櫻桃	覆盆子	草莓	黑醋栗	鳶尾花
裝桶後	木材	香草	肉桂	菸草	
陳年後	咖啡	皮革	森林地被	青苔	松露 麝香

特色

身為勃根地的王者，黑皮諾向世人展現了葡萄酒精緻的一面，同時又帶有強勁的風格。它釀製的葡萄酒顏色明亮、帶有紅寶石的色澤，充滿紅色莓果的迷人香氣，口感精緻滑細如絲綢，鮮少有過多單寧造成乾澀的情形發生。年輕時飲用依然美味，陳年後則會出現秋天森林的味道，例如皮革和非常迷人的松露香氣。經常以單一品種釀造，也與其他品種混釀紅酒。

知名度

它是世界上最受酒迷喜愛（也最被廣泛種植）的品種之一。雖然勃根地的特級紅酒價值不菲，但很幸運地，我們還是可以找到一些價格合理又好喝的黑皮諾紅酒。

生長氣候

偏好涼爽的環境。黑皮諾的皮很薄，若種植於熱帶地方會出現過度早熟的情形，香氣也會被破壞。

哪裡可以找到？

不論是歐洲、北美或南非，世界上的每個角落都可以發現它的蹤影，但最適合它生長的風土條件，則是法國的勃根地和香檳區、美國的奧勒岡州，以及紐西蘭。

單寧
含量少　　　　　單寧
　　　　　　含量多

CABERNET-SAUVIGNON

卡本內蘇維濃

香氣　　黑醋栗　桑葚　蕨類　甜椒　茉莉　檀木　松樹

裝桶後　橡木　香草　丁香　甘草

陳年後　皮革　菸草　野味　雪松　鉛筆芯　松露

特色

超高人氣的葡萄品種，在法國波爾多地區最常見；想像在當地舉行一場馬拉松賽，卡本內蘇維濃就是鼓舞參賽者完成比賽的理由。它內涵豐富的單寧，是使葡萄酒可以陳放十年以上的關鍵，而且將隨著時間釋放出更多層次複雜的黑醋栗、菸草、野味、雪松等特殊香氣。以其釀製的紅酒表現強勁、扎實、嚴謹，少了點熱情。年輕的蘇維濃會出現苦澀甚至粗糙的口感，這就是為什麼它需要與其他品種混釀，例如梅洛。

知名度

它的地位如同黑皮諾，是最受喜愛也是種植面積最廣的紅色葡萄，生產出來的葡萄酒也是價格最貴的。

生長氣候

因為它的葡萄果實小、皮厚，需要多一點陽光，適合較炎熱的氣候。

哪裡可以找到？

從法國到中國，世界各地都可以找到它，尤其在法國波爾多與南部一帶，或是義大利、智利、美國等地。

單寧
含量少

單寧
含量多

CABERNET FRANC

卡本內弗朗

香氣

覆盆子

黑醋栗

青苔

尤加利

甜椒

陳年後

森林地被

泥土

特色

卡本內弗朗是卡本內蘇維濃的祖先，味道比蘇維濃更柔軟、清淡。單獨釀造時，紅酒會呈現細緻的黑醋栗果實與葉子的味道；如果在葡萄還不夠成熟時就提早採收，則會出現甜椒的味道。在波爾多右岸，卡本內弗朗常被拿來與梅洛混合，進而釀造出一款同時兼具圓潤與清新口感的葡萄酒。

知名度

來自法國羅亞爾河地區的卡本內弗朗，在巴黎的酒吧非常受歡迎。當然，來自波爾多的卡本內弗朗也很受歡迎，即使是年輕的紅酒也很適合飲用。

生長氣候

它的成熟期比卡本內蘇維濃更快，適合溫和宜人的氣候。

哪裡可以找到？

法國：波爾多、羅亞爾河、西南產區
其他地區：義大利、智利、澳洲、美國

單寧
含量少

單寧
含量多

MERLOT

梅洛

香氣

 黑李乾

 桑葚

 藍莓

 黑櫻桃

 紫羅蘭

 薄荷

陳年後

 皮革

 野味

 肉汁

特色

梅洛與卡本內蘇維濃是完美的好搭檔；就像勞萊與哈台，圓圓的哈台就代表梅洛。梅洛也適合獨自釀造裝瓶，可以感受到它豐滿甜美的親和力。波爾多出產的高級葡萄酒也經常使用梅洛與卡本內弗朗混合釀造，可延長陳年的時間。

知名度

以其單純的口感而廣受喜愛。單獨釀造的梅洛可在年輕時飲用，同時欣賞它的漂亮果味。它也深受波爾多右岸葡萄酒愛好者的喜愛。

生長氣候

適合溫和、稍微炎熱的環境。它的葡萄果實大、皮薄，很容易成熟，種植起來相對容易。

哪裡可以找到？

法國：波爾多、西南產區、隆格多克
其他地區：義大利、南非、智利、阿根廷、美國加州

單寧
含量少

單寧
含量多

SYRAH
希哈

香氣
- 桑葚
- 黑櫻桃
- 黑醋栗
- 黑胡椒
- 白胡椒
- 肉荳蔻
- 黑巧克力
- 紫羅蘭
- 甘草

裝桶後
- 肉桂
- 咖啡
- 煙燻味

陳年後
- 野味
- 無花果
- 菸草
- 松露

特色

以希哈釀成的葡萄酒顏色接近深紫色，散發出胡椒香料、肉豆蔻與甘草的香氣，結合紫羅蘭的甜美，令人神魂顛倒。單獨釀造的希哈紅酒香氣濃郁且強勁有力，可以放在酒窖長期陳年；當它與格那希混釀時，則搖身變成一款簡單易飲、充滿果味的葡萄酒。

知名度

希哈釀造的紅酒讓法國隆河谷的艾米達吉（Hermitage）、羅第丘（Côte Rotie）及聖喬瑟夫（Saint Joseph）享有盛名，經過數年陳放之後更是叫人愛不釋手。它目前是澳洲種植面積最廣的品種。

生長氣候

適合溫暖或偏炎熱的氣候。

哪裡可以找到？

法國：隆河、南法
其他地區：義大利、南非；在澳洲、紐西蘭、智利、美國加州寫作 Shiraz

單寧含量少 — 單寧含量多

GRENACHE

格那希

香氣

 無花果

 野草莓

 藍莓

 肉豆蔻

 矮灌木（薄荷、月桂葉、迷迭香）

 可可

 肉桂

 酒釀櫻桃

裝桶後

 香草

 咖啡

 甘草

焦糖

陳年後

 無花果乾

 黑李乾

 摩卡咖啡

 皮革

特色

西班牙原生品種，帶有美味自然的黑李、巧克力和矮灌木香氣，在嘴巴裡可以很容易就感受到它的甜味，酒精濃度比一般紅酒高一些。釀造紅酒時可選用單一品種或是與其他品種混合；在法國隆河地區常與希哈混釀，以格那希的圓潤來柔化希哈的單寧。它也可以用來釀造天然甜粉紅酒。

知名度

全世界最被廣泛種植的黑色品種，尤其在法國南部教皇新堡（Châteauneuf-du-Pape）最常見到它的蹤影，在其他產區像班努斯（Banyuls）與莫利（Maury）也很出名，大家都喜歡它的巧克力味。

生長氣候

它畏懼春天寒冷的雨水，但也不能太乾旱。喜愛炎熱氣候。

哪裡可以找到？

法國：隆河、胡西雍
其他地區：西班牙、澳洲、摩洛哥、美國

單寧
含量少

單寧
含量多

GAMAY
加美

果香

 紅櫻桃　　 野草莓　　 覆盆子　　 紅醋栗　　 桑葚　　 香蕉

花香

 茉莉

其他

巧克力

特色

加美幾乎可以和薄酒萊劃上等號；薄酒萊地區有九成九的面積都種植這種葡萄。加美具有迷人的果味，釀出來的紅酒集合了各種紅色果實的甜美香氣，單寧含量較少，口感清爽柔順，給人好喝易飲的印象。近年來因為薄酒萊新酒以二氧化碳浸泡方式，讓加美出現香蕉與水果糖的味道，形象受到重創。如果慎選釀造方法，它其實是具有陳年實力的葡萄品種。

知名度

曾因為過量生產而變得不受歡迎，幸虧現在有不少認真的葡萄農，選擇用加美釀出香味集中、品質良好的紅酒，讓它得以重新回到葡萄酒愛好者的候選名單之中。

生長氣候

適合涼爽溫和的氣候，是個早熟且多產的品種。

哪裡可以找到？

法國：薄酒萊、羅亞爾河、阿爾代什（Ardèche）、勃根地
其他地區：瑞士、智利、阿根廷

單寧
含量少　　　　　　　　單寧
　　　　　　　　　　　含量多

MOURVÈDRE

慕維得爾

香氣

 桑葚

 甘草

 矮灌木

 肉桂

 黑胡椒

 麝香

陳年後

 皮革

 野味

 松露

特色

以慕維得爾釀造的紅酒顏色幾乎呈現黑色，口感強而有力，酒精濃度通常偏高。年輕時常會表現出獨特的泥土味，給人冷硬的印象，但隨著陳年的時間越久，慢慢就會出現皮革與松露的氣味。在法國南部，常被拿來與其他品種混合釀製紅酒或粉紅酒，以加強葡萄酒的結構。

知名度

大家對慕維得爾不太熟悉，因為想品嚐它得要耐心等它成熟。在法國，以普羅旺斯的邦斗爾（Bandol）所生產的慕維得爾紅酒最令人稱讚。

生長氣候

適合炎熱的氣候。因為葡萄皮厚，需要很多陽光來讓它成熟。

哪裡可以找到？

法國：隆河、隆格多克-胡西雍、普羅旺斯的邦斗爾
其他地區：美國加州、澳洲、西班牙

單寧
含量少

單寧
含量多

MALBEC

馬爾貝克

 果香 　　 黑櫻桃 　　 藍莓 　　 黑李

 其他 　　 雪松 　　 皮革 　　 巧克力 　　 可可

特色

馬爾貝克在阿根廷的表現無懈可擊,可以釀出顏色深邃、層次豐富醇厚的酒體,但在法國南部卻表現出質樸與高單寧的特性。可用來釀造紅酒或粉紅酒,單獨或混釀皆宜。馬爾貝克葡萄酒呈現出非常明顯的可可和巧克力風味,混合著黑櫻桃風味。

知名度

早期在法國非常盛行,現在已經漸漸退出法國主流品種的行列。相反地,在美洲地區卻變成非常普遍的葡萄品種。

生長氣候

偏好溫暖的環境,對冰霜特別敏感。

哪裡可以找到?

法國:波爾多、西南產區
其他地區:阿根廷、智利、義大利、美國加州、澳洲、南非

單寧含量少 ←　　　　　→ 單寧含量多

CARIGNAN

卡利濃

果香

桑葚

香蕉

黑李乾

其他

矮灌木

甘草

打火石

特色

早期卡利濃被用來大量生產葡萄酒，但是味道偏酸且香氣不足，不太引人注意。所以葡萄農開始減少生產量、限制使用化學物品、等待葡萄樹變成老藤，結果釀出來的紅酒變得酒體強勁、顏色濃郁、口感醇厚，很有自己的個性；某些成品表現得較樸素，卻帶有矮灌木與無法比擬的礦石香氣。現在被大量用來與別的品種混釀葡萄酒。

知名度

以卡利濃釀造的紅酒與粉紅酒在法國南部非常盛行，但普遍知名度仍然不高。因為不是容易照顧的品種，僅少數人堅持用它釀出好喝的酒，為葡萄酒的行家帶來最大的樂趣。

生長氣候

高溫、陽光充足、乾燥、通風良好的土地。

哪裡可以找到？

法國：隆河、隆格多克、普羅旺斯
其他地區：西班牙、馬格里布（Maghreb，西北非沿海一帶）、美國加州、阿根廷、智利

單寧
含量少

單寧
含量多

SANGIOVESE

桑嬌維賽

香氣

 黑櫻桃　　 醋栗　　 桑葚　　 黑李乾　　紫羅蘭

 茶葉　　 胡椒　　 百里香　　迷迭香

 陳年後

 菸草　　 皮革　　 腐殖質　　咖啡　　 檀香

特色

可連籽一起釀酒的義大利葡萄品種，在義大利中部釀造出極為不同的酒款，從受歡迎的奇揚第（chianti）到高貴（而且昂貴）的蒙塔奇諾布魯內洛（brunello di Montalcino）都有。品種名稱的意思是「宙斯之血」，具有極淡的紅寶石色澤、強烈的酸度、紮實的單寧，並具有黑櫻桃和香草的特色香氣。在最負盛名的產區可陳年四十年以上。

知名度

這是義大利種植最多的葡萄品種，尤其是在托斯卡尼。人們尊稱它為「超級托斯卡尼」，但它在法國科西嘉島的版本也相當知名。後者的名稱為涅露秋（nielluccio），是精湛技藝的傳承。

生長氣候

炎熱但夜晚涼爽。這個葡萄品種如果不成熟，顏色會過淡且味道酸澀。

哪裡可以找到？

法國：科西嘉島（在該地品種名為涅露秋）
其他地區：義大利（托斯卡尼、溫布利亞、坎帕尼亞）、美國、阿根廷、智利、澳洲

單寧
含量少　　　　單寧
含量多

NEBBIOLO

內比歐露

 香氣

 桑葚
 藍莓
 黑李
 無花果
 焦油
玫瑰

 紫羅蘭
 鳶尾花
 八角
 可可
甘草

 陳年後

 松露
 果醬
 蘑菇
 煙燻
 皮革

特色

這是義大利最受推崇的葡萄品種之一，因為它催生了皮埃蒙特地區著名的巴羅洛（barolo）和巴巴瑞斯科（barbaresco）。這些葡萄酒在年輕時具有大量的單寧且澀味極重。需要很長時間（通常超過十年）才能釋放出無數複雜的香氣。這種葡萄品種的種植條件非常嚴苛，而且對霜凍和疾病很敏感。產量很低，但可以釀造出令人難忘的葡萄酒。

知名度

值得關注：很稀有的葡萄酒，非常昂貴。若能在完全成熟的時機飲用，將能通過葡萄酒老饕最嚴格的考驗。

生長氣候

溫和潮濕。較早開花，但較晚成熟，需長時間陽光充足的季節才能使單寧不再酸澀。這個名稱衍生自 nebbia（霧），因為皮埃蒙特地區多霧，收穫時常有秋霧。

哪裡可以找到？

義大利（皮埃蒙特、倫巴底）、奧地利、保加利亞、塞普勒斯、希臘、美國、墨西哥、智利、阿根廷、澳洲……等

單寧
含量少

單寧
含量多

葡萄樹的生命週期

要生產好喝的葡萄酒，酒農得經過兩階段的辛勤工作：先是在葡萄園種葡萄，再來才是在酒窖裡釀酒。

葡萄樹的一年：
生長、剪枝、成熟……

{冬天}
冬眠：寒冷的天氣較有利於來年的葡萄採收（只要樹幹上的樹汁沒有結凍就好）。

剪枝：當樹汁不再流出，酒農就會開始修剪枝條。太多的樹枝會耗盡葡萄樹的養分，想要種出甜美多汁的葡萄，就要將樹枝修剪得更短。

{春天}
當大地回春，葡萄樹感受到氣溫上升，重新開始淌出汁液，我們稱為「流淚」。被修剪過的樹枝這時也開始冒出新芽。

翻土：翻土可以讓土壤呼吸空氣，延長土壤的使用壽命，也能讓春天的雨水滲透到土裡，達到良好的排水功能。正如古老諺語所說：春天翻好土，會給你帶來更多雨水。

萌芽：芽胞開始膨脹、綻開且冒出新芽。這時要當心夜晚的寒霜，一下子就會凍死葡萄樹的嫩芽。

{春末初夏}
長出新葉：綠葉一片接一片，原本禿禿的枝頭逐漸變得茂盛起來。

開花：陽光出現的時間越來越長、氣溫越來越高，葡萄樹上出現白色小小的、毛茸茸的花苞。

結果：當花苞受粉後，為了控制每棵樹的果實數量，酒農會進行第一次的芽胞去除。

疏枝：剪除樹枝末端的枝芽，讓葡萄樹不要生長太快，才能將養分集中在果實。

除葉：修剪多餘的葉子，以避免它遮住果實成長所需的陽光。有些產區的酒農也會留下足夠的樹葉，保護葡萄避免被陽光灼傷。

葡萄成長期間會遇到的風險

落花落果症：風太強、雨太多、天氣太熱，導致花粉無法順利受精，落花機率增加，果實在尚未成型前就掉落土中。果實部分僵化症：葡萄果粒特別小，結構和一般果實不同。冰雹：會摧毀正在成長的葡萄。

{ 夏天 }
葡萄樹持續成長，如果一切順利，果實將會慢慢膨脹長大。

綠色採收：當葡萄樹長得太茂盛，酒農就會摘除部分青葡萄，讓被保留下來的葡萄有更多養分繼續生長。控制生產量可以讓葡萄的品質更好。

成熟變色：葡萄果粒開始變大，變得堅實、不透明，果皮顏色也出現變化：白色品種會變成淡黃色，紅色品種會變成深紫色。

成熟：這是葡萄最主要生長期，決定了葡萄酒的年份特徵與風格表現。當葡萄皮漸漸變薄，葡萄開始獲得糖分，但同時也會失去酸度。這段期間的天氣好壞，會直接影響葡萄酒的品質。

採收：葡萄樹開花後經過大約一百天，就可以準備採收了！酒農會等到葡萄達到理想的成熟狀態，再進行採收。

{ 秋天 }
葡萄葉開始轉換顏色、掉落，葡萄樹又要準備進入冬眠了。

葡萄樹的各種「造型」

酒農會根據產區、氣候與品種,來選擇最適合自家葡萄樹的剪枝方式。別忘了葡萄是藤蔓植物,冬天若未好好修剪樹枝,可是會越長越茂密,反而不利於隔年果實的生長。

目前常用的引枝方法:

— 母枝
— 樹幹

新樹枝

杯型式引枝法

靠近地中海沿岸的產區最常見,例如南法、西班牙、義大利與葡萄牙。葡萄樹的樹幹又矮又壯,扇形的母枝看起來就張開的手指,當葉子長出來後可以保護葡萄,避免陽光直射的傷害。這種引枝法完全不需要鐵絲綁枝,相對地收成時也不能用機器採收。

居由式引枝法(單枝或雙枝)

目前最盛行的剪枝方法。法國勃根地採用單居由為主(見圖示),波爾多地區則採用雙居由較多(左右兩側都會長出新的長樹枝)。這種引枝法讓種植在貧瘠土壤的品種也可以獲得很好的收成,翻土機進出也很方便,但容易使葡萄樹耗費過多精力,所以每年都要重新修剪,讓樹長出新樹枝。

高登式引枝法

此種引枝法可讓葡萄樹幹非常穩固,向上長出的新枝讓每串葡萄都有充裕的伸展空間,有利於機器剪枝或採收。不過這種方法也比較適合強韌的葡萄品種。

年輕樹與老年樹

　　一株葡萄樹的平均壽命是五十年,但有些葡萄樹可以存活超過一百年。一塊充滿老藤的葡萄園是需要用心照料的,年紀越大的葡萄樹產量就越少,但卻可以讓葡萄酒達到最完美的品質。新生葡萄樹的最初三年還在「發育」,長出來的葡萄品質還不能釀出好喝的葡萄酒。樹齡介於十到三十年的葡萄樹正值「壯年」,生產出來的葡萄果汁濃稠,可以釀出高品質的酒。葡萄樹隨著時間慢慢長大,經歷各種天氣考驗,才能孕育出內涵豐富的果實,其實跟我們的人生經歷不是也差不多嗎?

砧木的歷史

今日，法國有 99.9% 的葡萄樹都是嫁接生長，而不是直接從土裡生根冒出來的。幾乎全世界的葡萄園都使用這種方式，當葡萄酒農想要種一棵新的葡萄樹時，他買到的會是一株以蠟封接好的砧木。

想了解為什麼會有這種現象，就必須回到 1863 年，當時出現了一種葡萄根瘤蚜。在這之前，法國的葡萄都長得好好的。一開始，隆河谷南部加德區的葡萄樹突然生了怪病，並且迅速蔓延開來，摧毀了大部分的葡萄園。不到二十年內，法國的葡萄酒產業就面臨了前所未有的危機。

罪魁禍首？源自北美洲的根瘤蚜，它會攻擊葡萄樹的根部，短短數週內就會讓葡萄樹衰弱死亡。

根瘤蚜

最後好不容易發現，美國的原生種葡萄對這種蚜蟲病具有免疫力，自此開啟了現代葡萄種植技術的演化：將歐洲所有葡萄品種的新芽，嫁接在美洲種葡萄樹的砧木（根段）上。這種新技術在 1880 年代開始推廣，並且花了半世紀的時間，才讓歐洲的葡萄酒產業恢復以往的秩序。

現在，幾乎全世界的葡萄園都早已使用砧木嫁接，僅有幾個強韌的原生品種，或是生長在沙質土的葡萄樹被保留下來：因為那些蚜蟲對它們沒轍。

嫁接 → 購買 → 種植 → 成長數年後

葡萄病害

許多病害會對葡萄和即將到來的收成造成影響。這些疾病會使葡萄的產量減少，也會使葡萄的口感品質降低，在最糟的情況下還會導致葡萄藤死亡。判別葡萄病害時，應區分是由真菌引起的真菌病，還是由昆蟲和寄生蟲引發的疾病。

霜霉病

這種真菌是葡萄最大的敵人。主要在多雨和溫和的春天生長，但攻擊可持續至葡萄開始轉色的時期。會污染葉子和果實，並可能導致嚴重的農作物損失。通常會使用波爾多液（bouillie bordelaise）和噴灑石硫合劑來對抗。

白粉病

與霜霉病類似，白粉病也是由侵襲葉子和葡萄的真菌所引起的。特別容易出現在濕熱的環境中，並威脅到收種。一開始的侵襲並不明顯，後來會出現灰色的灰塵，並迅速蔓延到成排的藤蔓中。

灰黴病

從它真正的名稱：灰葡萄孢菌（Botrytis Cinerea）看來，它的性質具有雙面性：對某些風土和某些葡萄品種來說，它被稱為「貴腐」，因為這是知名甜酒誕生的原因。但如果長在一般的葡萄藤上，就會變成一場災難。從轉色到收穫期，會迅速污染葡萄並損害其風味。

埃斯卡病

這是葡萄樹最古老的疾病之一，但由於非常複雜，因此難以控制。會使葡萄樹壞死並經常導致葡萄死亡。可用特定的藤蔓修剪法來對抗病毒的繁殖。

金黃化病

草翅葉蟬（昆蟲）攜帶的這種細菌可能導致收成付之一炬，並最終導致葡萄藤死亡。沒有直接的保護法。一旦受到污染，必須將葡萄植株完全連根拔起並燒毀。

氣象的影響

氣候和氣象是兩個截然不同的概念。前者由地理區域所構成。例如，法國的波爾多葡萄酒屬於海洋性氣候，而勃根地則屬於半大陸性氣候。這些氣候為葡萄種植的管理提供了指標：首選的葡萄品種、適當的大小、採收日期。氣象就是年份的標誌。炎熱乾燥的年份將賦予葡萄酒與寒冷多雨年份截然不同的特徵。在收穫前幾週尤其如此。

天氣造成的不便

過於炎熱：
葡萄的生長變得緩慢。糖分濃度太高；葡萄酒的酒精含量較高，酸度不足。

冰雹：
可在一年中的任何時候發生，是酒農的夢魘：不到十分鐘，就可以切斷葡萄藤並破壞收成。

霜凍：發生在春季的萌芽時期（芽促使葡萄成長），給葡萄園帶來災難。結霜的芽死亡，葡萄無法生長。

雨量過多：葡萄藤長太多、果實過於笨重、不甜、偏酸，而且顏色不足。
雨量不足：葡萄藤缺乏水分，不再生長。葡萄可能不再成熟。

氣候暖化的影響

三十多年來，觀察報告顯示葡萄的成熟狀況有所變化：普遍早熟，且在歷史悠久的葡萄酒產區甚至過早成熟。結果：葡萄越來越甜，葡萄酒中的酒精含量也越來越高。葡萄變得黏糊糊且難以消化。對於法國南部、西班牙、義大利、澳洲和美國部分地區的葡萄園來說，這樣的暖化會造成問題。如何讓葡萄保持涼爽？應依據葉子的大小，還有收穫的日期，甚至葡萄品種的性質進行調整。當然，全球暖化對某些葡萄園來說反而有意外的好處，例如香檳，因為不用再擔心葡萄是否夠熟。英國海岸的葡萄也同樣以前所未有的氣勢蓬勃生長。半世紀後的葡萄園地圖會有什麼樣的發展？最初來自地中海的葡萄很可能會離開它的出生地，向兩極移動。於是人們將不得不創造新的葡萄品種……和新的風土條件！

葡萄園的管理與照顧

葡萄園的工作從年初忙到年尾，幾乎沒得休息，酒農必須對抗蟲害、霉菌、病毒或腐爛等問題，還要根據不同的土質來進行施肥。

農耕照顧管理

每個酒農都有一套自己的農耕「裝備」，包括化學性或非化學性的產品，例如化學肥料或天然肥料、除草劑、除蟲劑、波爾多液（硫化銅與石灰的混合液）、硫、糞水……裝備的選擇則是根據他們的種植方式來決定，例如集約式耕作、合理減藥農法、有機農法或自然動力農法。

集約式耕作法

集約式耕作因為過度使用化學肥料，導致土壤枯竭，更不用說對農夫自己與消費者的健康會造成多大危害。目前這種農耕方式已日漸式微。

合理減藥農法（agriculture raisonnée）

現在大多數的酒農都採用合理減藥農法，這種耕作方式允許使用化學產品，但原則是將使用量降到最低。農夫並不會施灑預防性的藥劑，而是等危害到達一定的程度時，再使用相對應的農藥產品。

有機農業法

有機葡萄酒是來自有機農業的葡萄酒，主要是指在有機葡萄園中釀造的葡萄酒。

葡萄種植

要在歐洲取得「AB」（「有機農業 agriculture biologique」）的標籤，首先必須經過三年的轉型。葡萄種植者不得使用化肥、除草劑、合成農藥或殺蟲劑，必須改選用糞肥等天然肥料，並對葡萄蟲進行性混淆（使用費洛蒙讓蛾迷失方向）。在防治疾病方面，保留在葡萄中噴灑硫和施播銅的權利。然而，視使用的份量而定，後者對土壤有害，這會引發其他的問題。

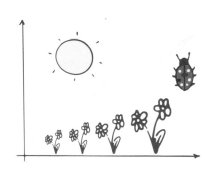

有機葡萄酒

自 2012 年的歐洲法規頒布以來，有機葡萄酒就正式存在，該法規在酒窖中設定了更嚴格的標準：即在釀造過程中，使用的添加物（酵母等）也必須是有機的。有機需要更多的工作時間、更多的人力，以及更多的資金。要在艱辛的風土條件下進行有機耕作是很不容易的（例如在波爾多，那裡的氣候潮濕，容易出現葡萄病害）。然而它可以確保土地的永續耕作，帶給土壤更豐富的營養和更多有益的微生物。

地區

有機葡萄種植在法國蓬勃發展，其中以普羅旺斯、科西嘉和侏羅等地區特別活躍，其次是阿爾薩斯、隆格多克和隆河。波爾多正在迎頭趕上。2017 年，有 10% 的法國葡萄園獲得了「AB」認證。

自然動力農法

自然動力農法比有機農法更徹底，栽培者會為了讓葡萄樹的長得更好，而去研究土壤的能量與各種大自然因素對葡萄的影響。目前這種種植法尚未普遍，但已引起越來越多的消費者注意。

起源

自然動力農法，常被稱為自然動力法，由奧地利哲學家魯道夫・史坦納（Rudolph Steiner）所創。1924 年，他向農民發表了一系列的演講課程，他相信天體運行影響了萬物生長，主張農業種植應像有生命的有機體，農夫必須了解自己所使用的農法並且尊重它。如此，在處理葡萄的病蟲害時，酒農該做的不是撲殺病蟲或治療病害，而是修正引發這個病害的失衡生態。

栽種

這種生產法採用有機農法的某些原理，同時參考月球運行的節奏，配合使用純天然的祕傳製劑，為葡萄樹補充活力，或是降低病蟲孳生的機會。和有機農法一樣，施行自然動力法的酒農也用波爾多液來對抗霜霉病，不過他們的葡萄園是使用馬匹來耕作的。

「Demeter」自然動力法認證

Demeter 標章是國際間公認的自然動力農法認證標章。此農法也屬於有機農法，只是必須更精確地依照一份特殊的自然動力曆法，來進行葡萄園的農事及照顧工作。

「Biodyvin」自然動力葡萄酒認證

自 1996 年開始，由「自然動力農法酒農國際工會」所創立的 Biodyvin 認證，與 Ecocert 認證一樣，都是用來認證自然動力農法生產的葡萄酒。許多法國名聲最響亮的幾家酒莊，都有得到此認證。

製劑與曆法

裝在牛角裡的牛糞

這種製劑雖然很滑稽，卻是自然動力農法的知名配方之一，主要功能著重在活化土壤與葡萄樹根。如何調配？首先將牛糞裝入牛角，然後埋到土裡進行發酵，必須經過一整個冬天的時間，才能獲得理想的成熟製劑。使用此製劑前必須用水稀釋，攪拌數小時後才能施用於葡萄園。

月升與月落

月亮對於水和植物的影響，是施行自然動力法的基本依據。人們認為大自然中存在某些時刻，對樹根、樹葉、花和果實來說最好。根據月亮的運行，有些人會在月亮落下時進行犁土與施肥，在月亮上升時進行葡萄採收。要注意別混淆了新月與滿月，它們也有各自不同的節奏。

配合曆法

自然動力農法會依據月球在黃道位置推演出來的曆法，來進行每日的農作，例如剪枝或採收，最後也會依據曆法來選擇葡萄酒最佳品嚐時刻。

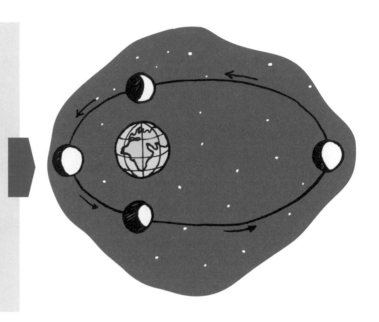

實際效用

自然動力法在葡萄酒產業掀起了一個很大的問號，許多人對它的實際效益保持懷疑態度。然而，仍有少數酒農採用此種植法並且獲得成功，進而成為國際知名的酒莊，生產出令人讚嘆的葡萄酒，例如尼可拉斯·裘利（Nicolas Joly）和他位於羅亞爾河的 Coulée de Serrant 酒莊，與勃根地知名酒莊 Domaine de la Romanée Conti 一樣，兩者皆為自然動力農法的典範。

實際情況

雖然自然動力農法獲得越來越多厭惡化學農藥的消費者的肯定，但目前施行此農法的葡萄園仍舊非常稀少，占全法國葡萄園總面積不到 2%。

98 %

2 %

自然動力法　　其他

天然葡萄酒

究竟是天然葡萄酒還是自然葡萄酒？

如同「酥皮派」和「派皮酥」之爭，「自然酒」和「天然酒」的名稱爭議仍懸而未決。因此，你可以使用任何你喜歡的稱呼。為了結束這些永無止盡的討論，捍衛這類葡萄酒的聯盟偏好拼寫為：nature'L。

天然葡萄酒存在嗎？

有某派人士堅稱：自然狀態的葡萄酒並不存在。葡萄酒是人為釀造的。因此，為葡萄酒加上「天然」一詞，似乎並不符合事實。此外，即使葡萄汁可以不顧人類意志，自然發酵成葡萄酒，但將命運交由大自然決定的結果將會形成醋。因此，這些批評者開了一個經典笑話：「什麼是天然酒？就是醋。」然而，天然葡萄酒的生產商並不懷疑自己在這種葡萄酒的釀造中扮演著成功角色！實際上，「天然」並不意味著順其自然，而是不使用葡萄以外的食材。

終於獲得法律認可！

對自然葡萄酒界來說，這是一場重大的勝利。自 2020 年 5 月以來，法國國家產地和品質管理局（l'Institut national de l'origine et de la qualité，INAO）與競爭、消費和反詐欺總局（DGCCRF）已經認可了一項酒標：「自然釀造法酒」（Vin méthode nature）。在此之前，世界上還沒有合法存在的自然酒。歐盟委員會禁止在標籤上同時並列「葡萄酒」和「自然」等字樣，因此不可能像一般酒瓶一樣簡單標示。有些酒農會有技巧性地玩弄巧妙的文字遊戲或採用奇特的拼寫，但這些字樣都無法讓人信賴。然而，從現在開始，官方酒標可以為人們對自然／天然酒的期待提供明確的定義。目前只有幾百種特釀葡萄酒可以在酒瓶上做出這樣的標示，但這只是剛開始而已！

是否含硫？

許多葡萄酒愛好者可能認為，自然或天然葡萄酒就是一種無硫葡萄酒，但這並不完全正確。事實上，「自然釀造葡萄酒」的法規允許每升葡萄酒最多可含 30 毫克的硫。這對你來說似乎很多嗎？正好相反，這樣的含量極少。法國法規可接受的白酒硫含量最高為 210 毫克／升！經過幾年的無硫生產，有部分的葡萄種植者在不放棄對保持自然的承諾下，更願意添加這種小劑量的硫來穩定葡萄酒並確保更長的壽命。但也有些人堅持不添加任何東西，認為天然葡萄酒除了美味的葡萄以外不需要任何東西。

虛有其名：純天然香檳

當我們在香檳的酒標上看到「純天然」的標示，很容易誤以為這也是一種天然葡萄酒。但並非如此。在香檳區，這樣的名稱表示無補糖液（即塞上軟木塞之前添加的糖），但這非常罕見。我們建議香檳酒莊可以標示「零添加糖液」，以避免與自然葡萄酒相混淆。

年份

年份指的是葡萄收成和釀造葡萄酒的年份。通常會標示在酒標上,儘管這並非必要。依據該地區當時的氣候是否溫和,年份可以提供關於葡萄酒性質的指標。

什麼是好的年份?

人們認為好的年份發生在氣候溫和時,因為這時的葡萄容易飽滿,充滿甜度和酸度,很難損壞和發霉腐爛。

相反地,在條件不佳的年份裡,葡萄辛苦的成長過程會烙印在其風味中,品飲的時候就能感受得到。

如何評估年份？

因氣象的不同，某個年份可能在某地區表現出色，但在其他地區卻表現平庸。儘管如此，還是有些年份的酒在各地都表現不錯，以法國來說就是 2005 年、2009 年、2010 年和 2015 年。想要好好認識年份對葡萄酒的影響，最理想的方法是垂直品酒：連續試飲同一款式（產自同一個酒莊）但不同年份的葡萄酒，通常都是從最年輕的開始喝到最老的年份。你將會發現，葡萄酒除了陳年之外，也會依據年份的不同而有所變化。

要如何看待年份的評分？

你不會在本書中找到年份的評分，因為我們不贊成這麼做。評價良好的年份往往代表優秀的陳年能力，但並不是所有的葡萄酒都是用來陳年的！「壞」年份可釀造適合快速飲用的極出色葡萄酒。最重要的是，一切都取決於酒農的能力。希望大家拋開年份迷思，因為差評可能使消費者錯過美味的葡萄酒，而好評則鼓勵消費者購買好酒，但卻過早飲用，讓酒無法發揮出最好的一面。我們經常看到評價不佳的年份在經過多年後，表現得比人們原先期望的要好得多！

較陳年的酒　　　　　　　　當年收成的酒

沒有年份的香檳和氣泡酒

大部分的香檳在酒標上都沒有標出年份。酒農會將當年新釀造的葡萄酒與其他年份較老的酒混合之後，再進行二次發酵。這麼做是為了生產出品質與風格一致的氣泡酒。有年份的香檳極為稀有，表示其品質優異。

葡萄採收的時機

什麼時候採葡萄？

日子選擇是關鍵：

　　太早採收的話，葡萄缺少足夠的糖分、酸度太高，這樣釀出來的酒就會顯得清瘦；太晚採收，葡萄就會過熟，含糖過多、酸度嚴重不足，釀出來的酒將會顯得厚重、缺乏活力。近年來氣象變化多端，使得葡萄農的工作變得更複雜，例如下太多雨會造成葡萄發霉腐爛，天氣炎熱乾旱又會讓葡萄乾枯。

葡萄成熟速度不一樣：

　　一個產區不會只種一種葡萄，每種葡萄成熟的速度也會依品種、土質、地塊、海拔等地理環境而有所差異。為了讓葡萄在最理想的成熟狀態下被採收，葡萄農必須學習使用各種測量器。例如在隆格多克地區，種植了格那希、希哈、慕維得爾或仙梭（Cinsault）等品種，採收期可以從十五天拉長到三週的時間，通常從最早熟的品種開始一路採收到最晚熟的葡萄。

採收期間會發生的狀況：

　　突如其來的一場暴雨會使葡萄受損，或讓果實吸收過多的水分，所以葡萄農在採收季節總是會特別留意天空的變化。

JOUR J

| 1 | 2 | 3 | 4 | 5 | 6 |
| 7 | 8 | 9 | 10 | | |

單位面積產量

依照季節、土壤、年份、品種與種植方法，葡萄的收成量通常與種植面積成正比。一座酒莊的產量一直是人們關心的焦點，因為這代表他們的目標是大量生產，或是濃縮「精華」。以每公頃生產一千公升為基準，餐酒或氣泡酒等類型的酒，通常可以達到每公頃八千至九千公升；傳統的法定產區生產量約在每公頃四千五百公升，法定特級葡萄酒則很少會超過每公頃三千五百公升。

遲摘葡萄的採收

我們稱之為「晚摘」或「遲摘」，這麼做是為了釀造甜葡萄酒。最好的甜葡萄酒都來自受到貴腐菌（Pourriture Noble）沾染的葡萄，這種黴菌又稱為灰黴菌（Botrytis cinerea），它用奇妙的感染方式讓果肉脫水並濃縮糖分與香氣，外表看起來就像葡萄乾。由於貴腐菌的生長速度不一致，所以必須多次採收，為了確保每一次都只挑選完美感染的果粒，採收期甚至長達數個月（歐洲採收時間通常從九月到十一月）。

冰凍葡萄的採收

為了釀造冰酒，酒農會等氣溫降至 0℃ 以下，通常要低於 -7℃，直到葡萄表面結冰。冰葡萄的甜度比遲摘的葡萄更濃縮，幾乎不含水分。採收工作不僅極度累人，在採收時葡萄容易受損，收成量非常少（每公頃約一千公升），所以冰酒的價格才會這麼貴。這種採收方式僅限於擁有此種氣候條件的德國與加拿大，然而全球氣候暖化也讓冰葡萄的採收變得越來越困難。

手工採收葡萄

如何進行？

葡萄農會依園地的大小，號召家人朋友或雇用短期工人（例如像艾多這樣的人）來幫忙。採收工人會將整串葡萄剪下，輕輕放入採收籃，再裝進由負責運送的人揹負的大簍子裡，並小心不讓葡萄擠壓破裂。

優點

採收者會小心翼翼地剪下整串葡萄而不傷到葡萄樹，同時進行挑選。人工採收可以在任何環境條件下進行，並且只挑選出完美成熟的葡萄。某些葡萄必須經過多次採收及挑選，得歷時數週才能完成，這麼做全都是為了接下來能製造出高品質的葡萄酒。

缺點

需要非常多的人力同時進行，否則時間一拉長，葡萄就會因為曬太多太陽而受損。必須絕對避免葡萄果粒在放入酒窖榨汁機前破裂，否則葡萄汁液會氧化與變質。雖然成本高，但換來的品質對葡萄農來說是值得的。

機器採收葡萄

如何進行？

採收機開進葡萄園的小徑上,搖動葡萄樹,將成熟的果粒與葡萄梗分開,並且用輸送帶自動拾取果粒。若是在正確的使用方式下,採下來的葡萄不僅可以保持顆粒完整,還可以將梗去除乾淨;但這種裝置其實有點粗魯,採收的葡萄多少都會有損傷。想改善這個情況,你需要一台設計精良的機器。

優點

需要的人力非常少,比較經濟,而且採收速度快,不論是白天或晚上都可以在理想的時間進行採收。

缺點

過度搖晃葡萄樹,會造成葡萄樹提早死亡。若採收的葡萄尚未全部成熟,採收之前或之後必須進行挑選的動作,以確保品質一致。此外,有些機型老舊,根本無法進入斜坡上的葡萄園。有些法定產區如香檳區或薄酒萊,是禁止使用機器採收的。

如何釀造紅葡萄酒？

採收後的葡萄會立刻被送到酒窖，開始進行釀酒的工作。品質較差或受損的葡萄大多已經在採收時被剔除，或是在酒窖的挑選臺上被挑掉了。

去梗與破皮
酒農會將果實上頭的梗去掉（但保留與果實連接的蒂），因為梗含有不討喜的草本味道（除了勃根地產區，某些酒農會為了保留單寧而選擇不去梗）。接著便開始擠壓葡萄，讓它破裂流出汁液。

|1|

浸皮
將果實與果汁一起浸泡在酒槽中約二到三週的時間，裡頭的葡萄皮會將葡萄汁染色。

|2|

踩皮或淋汁
浸泡期間，這些葡萄的皮、果肉與種子懸浮在葡萄汁的表面，形成一層硬皮，稱為酒帽。為了產生香氣、顏色，同時釋放單寧，酒農會將酒帽分散壓入葡萄汁中，讓兩者充分接觸，稱為踩皮；或是使用幫浦將葡萄汁從酒槽底部抽出，淋在酒帽上面，稱為淋汁。

|3|

換槽
將葡萄酒與皮渣分開。第一次從酒槽直接流出來的酒，稱為「自流酒」。接著將瀝出的葡萄皮渣進行壓榨，得到的酒稱為「壓榨酒」。壓榨酒的單寧和色素含量都比自流酒高很多。

― 5 ―

酒精發酵
酵母（自然生成或人工添加）趁著葡萄浸皮的這段時間開始活動（發酵期約十天），將葡萄糖與果糖轉化成酒精，葡萄汁就變成葡萄酒了！

|4|

混合

酒農通常會將自流酒
與壓榨酒混合。

調配

各地作法不同,通常會將不同
品種或來自不同地塊的葡萄分
開釀造,最後再混合調配。

― 9 ―

乳酸發酵與培養熟成

混合的酒會被裝入酒槽或橡木桶,存放數週至
三年(可以陳放的葡萄酒)。在這段休息時間
裡,酒的香氣與結構會慢慢發展演化,要釀出
一瓶好喝的酒可是需要耐心的。

同時,葡萄酒裝進桶子三到四週後會開始產生
第二次的發酵,稱為乳酸發酵。這時酒的酸度
會降低,品質也會變得更穩定。

― 7 ―

SO_2

換桶與二氧化硫的使用

― 8 ―

瀝除掉沉澱的死酵母與懸浮物之
後,酒農會加入少量的硫,好保
護葡萄酒、防止氧化。

澄清與過濾

為了去除懸浮物質,酒農可以使用含蛋白質
的凝結劑(類似蛋白)。為了讓葡萄酒的顏
色更透亮,也可以使用過濾的方法。這些步
驟並非必要,因為這麼做會影響葡萄酒的香
氣與結構。

― 10 ―

裝瓶

裝瓶後還需要軟木塞或金屬
瓶蓋將酒瓶密封。適合年輕
飲用的酒會盡快整批賣出,
適合陳年的酒則可以繼續培
養熟成。

― 11 ―

如何釀造白葡萄酒？

與紅酒的釀造過程相反，白酒不需浸泡，葡萄被送到酒窖後立即進行榨汁，再根據想要釀造的白酒類型，將葡萄汁注入一般酒槽（不甜與活潑的白酒）或橡木桶（口感強勁與可以陳年的白酒）內發酵。

1
榨汁
去梗後即刻榨汁，去除葡萄皮，只留下葡萄汁。

2
澄清
將葡萄汁倒入酒槽後，榨汁殘留的懸浮物質會慢慢沉澱，這樣才能獲得較細緻的白葡萄酒。

3
酒精發酵
酵母（自然生成或人工添加）將葡萄糖轉化成酒精。發酵時間約十天。

第一種技術

釀造活潑、年輕即飲的白酒

4
酒槽熟成
酒裝入酒槽後會停留數週，讓酒的品質更穩定。這段期間，葡萄酒會在桶子裡與酵母殘渣一起培養，也就是所謂的「渣釀」（sur lie）。裝瓶前再將殘渣與沉澱物一起瀝除。

釀造口感強勁且可以陳年的白酒

- A -

橡木桶熟成與乳酸發酵
葡萄酒裝入橡木桶進行第二次發酵，也就是乳酸發酵。這個步驟可以給葡萄酒增添圓潤口感。

- B -

攪桶
熟成的時間可能會持續數個月，在這段期間，酒農會用棒子攪拌葡萄酒，與沉澱在桶底的酒糟充分混合，讓葡萄酒增添滑潤口感。

二種技術都要再經過：

- 5 -

添加二氧化硫、調配、澄清與過濾
酒農會加入少量的硫化物來保護葡萄酒、防止氧化。

各地作法不同，通常會將不同品種或來自不同地塊的葡萄分開釀造，最後再混合調配。

酒農也會使用含蛋白質的凝結劑（類似蛋白）來去除懸浮物質，或是用過濾的方式讓葡萄酒的顏色更透亮；兩者皆非必要步驟，因為這麼做會影響葡萄酒的香氣與結構。

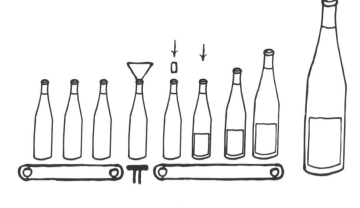

- 6 -

裝瓶
裝瓶後還需要軟木塞或金屬瓶蓋將酒瓶密封。適合年輕飲用的酒會盡快整批賣出，適合陳年的酒則可以繼續培養。

如何釀造粉紅葡萄酒？

粉紅酒一定是由紅色葡萄釀造而成，目前有二種方法，一種類似紅酒釀造，另外一種則接近白酒釀造。

使用放血法釀造的粉紅酒

這是最常使用的方法，如同釀造紅酒一樣，將紅葡萄短暫浸皮（也就是將葡萄皮與汁一起浸泡）來獲得顏色。這樣釀造出來的粉紅酒色澤較深且高雅，口感也較厚實。

整串葡萄直接榨汁的粉紅酒

淡粉紅酒（vin gris）及某些新潮的粉紅葡萄酒作法，與釀造白酒的作法雷同：將整串葡萄果實直接榨汁；但不同的是榨汁的時間較白酒緩慢許多。以此方式釀造出來的粉紅酒色澤清澈、顏色較淡。

去梗與破皮
酒農將葡萄果實與果梗分開，將梗丟棄。接著將整串葡萄的果皮弄破，使其釋放汁液。採用整串直接榨汁釀造的粉紅酒可以略過這個步驟。

1

二種技術

直接榨汁法
― 2 ―

榨汁
將葡萄倒入氣壓式榨汁機，根據想要的顏色慢慢調整、慢慢增加壓力，再收集流出來的葡萄汁液。

放血法（短暫浸皮）
― 2 ―

― A ―

浸皮
將葡萄皮與果汁浸泡在酒槽中，讓果皮中的色素慢慢滲入果汁，使其染色。根據想要的顏色，浸泡八至四十八小時，隨後立即瀝出果汁。

A

二種技術都要再經過：

澄清
-3-
讓懸浮物質慢慢沉澱後再瀝除，這個步驟是為了
得到更香、更純淨的粉紅酒。

酒精發酵
當酵母（自然生成或人工添加）
將葡萄糖轉化成酒精，粉紅葡萄
酒正式誕生。發酵的過程約持續
十天。
— 4 —

培養熟成
發酵完成後，葡萄酒被換至另一個酒槽停留約數週，好
讓它的品質變得穩定。粉紅酒很少會經過橡木桶熟成與
乳酸發酵，但一樣會加入二氧化硫，經過混合調配、澄
清過濾等步驟。
— 5 —

裝瓶
-6-
裝瓶後還需要軟木塞或金屬
瓶蓋將酒瓶密封。通常粉紅
酒都會在春天裝瓶上市。

粉紅酒的成功

近十幾年來,人們愛死了粉紅酒,這是法國國內和全球葡萄酒消費量增長最快的酒類!法國各處都有生產。

粉紅酒是最古老的葡萄酒?

這很有可能!古代的釀酒技術不同於今日,現代會以浸漬葡萄的方式為紅酒賦予顏色,但過去很少實行這樣的方法,有些葡萄園甚至不知道可以這麼做。因此,用黑葡萄釀製的葡萄酒就已經是粉紅酒了!在中世紀,即十三世紀至十八世紀之間,波爾多葡萄酒一直是粉紅色的:人稱「淡紅酒」(clairet)。香檳也是如此,當時的香檳並不會「冒泡」。直到拿破崙時期,紅酒才成為主流。但粉紅酒自 1930 年代開始又流行起來,在 1945 年後更是風行。到了 1975 年至 2000 年,情況有了翻天覆地的變化,此時濃烈的紅酒較受到青睞,粉紅酒無力回天。2000 年之後,消費者一直在尋找清新、淡雅,更能輕鬆飲用的葡萄酒,粉紅酒才重回大家懷抱。過往人們愛在夏季飲用粉紅酒,現在四季都飲用。

各地區的粉紅酒

普羅旺斯
這裡是粉紅酒的王國,是法國和全世界粉紅酒的主要生產國!色澤通常很淡,有時幾乎是無色的,帶有柑橘類水果、紅色莓果和鮮花的香氣。口感清淡,非常清新。

羅亞爾河
繼普羅旺斯之後的第二大產區。安茹(Anjou)的粉紅酒非常出名。接近紫紅色的鮮豔粉紅色,特色是略帶甜味,適合搭配開胃菜和甜點享用。

法國西南部和隆格多克 - 胡西雍
依生產者的意願而定,粉紅酒的顏色可淡可深。往往果香濃郁,酒體飽滿。

科西嘉
在這裡可找到兩種粉紅酒:一種來自鄰近的普羅旺斯,是顏色極淡且帶有果味的粉紅酒;另一種是向出色風土致敬的粉紅酒,採用西亞卡列羅(sciaccarello)和涅露秋(nielluccio)葡萄等本土品種。

隆河
羅丹尼恩產區(appellation rhodanienne)最著名的粉紅酒是塔維勒(Tavel)。這種酒通常色彩鮮豔,味道濃郁,酒精濃度也很高,與普羅旺斯呈現的風味完全相反。

香檳區
粉紅香檳迅速獲得了成功。消費者近來發現,這款極為濃烈、飽滿的粉紅酒可與紅酒相媲美。

波爾多
你可以在這裡找到淡紅酒,不論是顏色、香氣,還是質地,都介於粉紅酒和紅酒之間。

灰/淡粉紅酒
淡粉紅酒是另一種粉紅酒,顏色更淡,也更為細緻。其中最著名的是洛林(Lorraine)的「圖爾淡粉紅酒」(gris de Toul),隆格多克的灰歌海娜粉紅酒(grenache gris rosé),或中央 - 羅亞爾河谷地區荷依(Reuilly)的灰皮諾。

對粉紅葡萄酒的強烈渴望

在短短幾年內，粉紅葡萄酒的市場需求激增，光是在法國就佔了飲用葡萄酒的 30 %，在世界上也是成長最快速的葡萄酒種類。粉紅酒目前只佔飲用葡萄酒的 10%，但銷售額在十二年內增長了 20%。儘管法國的平均購買價格仍然很低（750 毫升的價格介於 2 歐元至 4 歐元之間，通常以盒裝而非瓶裝出售），但搭配美食的粉紅酒正在快速增值中。

法國消費的葡萄酒比例

白酒：17 %

粉紅酒：30 %

紅酒：53 %

如何釀造橘酒？

橘酒不是新興的酒，也不是一時的流行。橘酒自古以來就存在，甚至可能是人類最早釀造的葡萄酒之一。橘酒在義大利和喬治亞非常受歡迎，而且在美國已有十五年的法定產區名稱（Orange Wines）。橘酒正好介於白酒和紅酒之間：使用紅酒的釀造過程……但用的是白葡萄！結果形成深橘色的酒，香氣與口感強烈（但酒精濃度與白酒或紅酒相同），同樣帶有單寧，但酸度不如白酒，因此通常較容易消化。

浸漬
將果粒摘下，然後壓榨葡萄以釋出果汁。將果實和果汁一起浸泡在釀酒槽、橡木桶，或通常是雙耳瓶中。果皮（有時是梗）會為果汁上色，並為果汁賦予香氣和單寧。果汁會連皮一起浸漬數週至八個月！

踩皮
為了讓果汁與果肉充分接觸，在浸漬開始和發酵過程中，會將果實壓至底部。這為即將釀造的葡萄酒提供了更多的香氣、顏色和單寧。

酒精發酵
在浸漬過程中，酵母（以自然狀態存在的酵母，在這種類型的釀造中很少添加酵母）會將糖轉化為酒精。這就是葡萄酒誕生的過程！發酵結束時，將雙耳瓶密封。

— 3 —

除渣與裝瓶
為葡萄酒去皮。可在釀酒槽、橡木桶，或雙耳瓶中進行額外的陳釀後，將葡萄酒裝瓶。

— 4 —

如何釀造黃酒？

黃酒是侏羅（Jura）的特產葡萄酒。風土條件加上特殊酵母的存在才能釀造出這種極為罕見的葡萄酒，即所謂的「酵母膜釀酒」。因為桶中存有氧氣，以及培養出來的香氣，亦可稱為「氧化釀酒」。實際上，黃酒以極為濃郁的核桃、咖哩和堅果香氣而聞名。僅能以薩瓦涅（savagnin）品種的葡萄釀造。方法同波特酒或雪莉酒。

釀酒
釀酒的第一階段與白葡萄酒完全一樣：壓榨、酒精發酵和澄清。

熟成
黃酒必須在橡木桶中陳放至少6年3個月。

不添桶！
不同於傳統葡萄酒，這種葡萄酒不進行添桶。通常，酒農會定期在桶中添加葡萄酒，以抵消酒桶木頭的自然蒸發（即著名的「天使分享」），並且絕不能留下可能損壞葡萄酒的空氣。但在釀製黃酒時，酒農會刻意讓空氣進入桶中。

形成薄膜
酵母自然可為葡萄酒提供援助，在表面形成保護膜，以避免空氣將葡萄酒變成醋。而正是這層薄膜讓葡萄酒獲得了備受讚賞的「黃酒味」。沒有形成薄膜的橡木桶無法釀出黃酒。

裝瓶
酒呈現出鮮豔的金褐色。採用獨特的620毫升規格酒瓶：克拉芙蘭瓶（clavelin）進行裝瓶。

如何釀造香檳葡萄酒？

傳統的香檳均由白葡萄（夏多內）與紅葡萄（黑皮諾、皮諾莫尼耶）混合調配而成，而且都被釀製成白葡萄酒。香檳採用白酒釀製技巧，但在過程中多加了一道獲得氣泡的手續，創造出全世界最昂貴的泡沫。香檳釀造法又稱為傳統氣泡酒釀造法，也被用來釀造法定產區氣泡酒（crémant）＊。

＊編註：Crémant 是使用紅、白葡萄釀造，且以香檳釀造法釀製而成，接受原產地管制命名（AOC）的氣泡酒，其中產量最多、最有名的是阿爾薩斯氣泡酒（crémant d'Alsace）。

榨汁

紅葡萄與白葡萄去梗後直接榨汁，去除葡萄皮，只留下無色的葡萄汁。

酒精發酵

將葡萄汁裝入酒槽或橡木桶中，進行沉澱、去除雜質，然後等待酵母將葡萄糖轉化成酒精。在一般酒槽進行發酵的話，葡萄酒就會比較清瘦；在橡木桶發酵的話，葡萄酒嚐起來會比較肥美。

調配

葡萄酒在酒槽或橡木桶進行乳酸發酵後，酒農接著會將三種葡萄分別釀好的酒混合調配，生產出一般最常見的無年份香檳。混合方式是將老年份的葡萄酒調入新生產的葡萄酒中，以確保每一個品牌的獨特風格與品質。

 釀造粉紅香檳

將部分紅葡萄釀造成紅酒，在進行混合調配時加入約 10% 的量，使酒色變成粉紅色。混合紅酒與白酒來釀造粉紅酒的做法是被禁止的，但唯有香檳區例外。

裝瓶

裝瓶前，酒農會在葡萄酒中添加糖與酵母的混合液（liqueur de tirage），再用金屬瓶蓋緊緊拴緊酒瓶。

4

獲得氣泡

酵母會吃掉葡萄酒裡的糖分，產生二氧化碳和酒精，展開瓶中二次發酵。而這些二氧化碳就會一直停留在被封閉的瓶子裡，這就是香檳氣泡的由來。

— 5 —

培養熟成與搖瓶

各家廠牌會根據自家風格，將酒在酒窖裡存放二至五年的時間。熟成之後，還要經過搖瓶的程序：緩緩輕輕地將酒瓶頭下腳上擺放，讓發酵後沉澱於瓶底的死酵母與雜質集中到瓶口。早期多以人工搖瓶，現在有些酒廠則用機器來代替人工。

— 6 —

除渣

將瓶頸事先凍結，讓死酵母與酒渣結成冰塊，然後打開金屬瓶蓋，利用瓶內氣體壓力將冰塊推出酒瓶。

— 7 —

調配甜度

最後，在正式封瓶前，還會進行一道補糖的手續。酒農會依照不同的甜度等級，在香檳中加入不同分量的糖。

8

ⓥ 小字彙：

香檳根據含糖量可分為六種類型：完全無添加糖（non dosé）、超級不甜（extra-brut）、不甜（brut）、微甜（sec）*、半甜（demi-sec）、濃甜（doux）。

＊編註：動態氣泡酒的「sec」嚐起來有微甜口感；一般靜態白酒的「sec」則完全不甜，又稱「干型」白酒。

葡萄酒的培養熟成

在發酵後與裝瓶前，還有一個非常重要的步驟：在酒桶中培養熟成。

熟成的目的：

讓香味慢慢發展　　讓葡萄酒陳年　　固定酒的顏色　　柔化紅酒的單寧

讓懸浮物質沉澱（例如酒渣或死掉的酵母）

酒槽培養

　　酒槽可能是以不鏽鋼、混凝土或樹脂製成，這些材質都屬於中性，不會影響也不會給葡萄酒添加香氣，通常用來釀造口感清新活潑、要保留更多果實香味的白酒、粉紅酒或紅酒。這種葡萄酒在酒槽熟成的時間都相當短，清淡型的酒存放一到兩個月；會熟成超過十二個月的，通常是那些有陳年潛力的葡萄酒。紅酒在裝瓶前，通常需要在酒槽熟成一年。

橡木桶熟成

　　橡木桶對葡萄酒影響很大，尤其是全新的橡木桶；根據木材與其烘烤的程度，木桶將會賦予葡萄酒獨特的香氣（煙燻、香草、奶油麵包等）。只有極少量的空氣會透進橡木桶與軟木塞，讓部分的葡萄酒蒸發，人們稱之為「獻給天使的禮物」。這種氣體的交換讓葡萄酒產生變化，軟化了單寧，踏上陳年之旅，而且裝瓶後還會繼續陳年下去。這種培養方式僅適合強勁有力的酒款。為了控制木桶對酒的影響，酒農會使用新舊程度不同的木桶（從全新橡木桶到四年舊桶），培養時間約十二到三十六個月。

乳酸發酵

需要熟成的紅酒、部分粉紅酒以及勁勁的白酒，在培養期間會再經過乳酸發酵的程序，將葡萄酒中的蘋果酸（與青蘋果的酸味很相似）轉化成乳酸（就是牛奶裡那種），這種酸比較溫和、滑細，少了一些刺鼻的味道。他們會在特定的溫度下啟動（約 17℃），但要是溫度太低，發酵就會停止。乳酸發酵較少用於粉紅酒或白酒，以保持它們應有的清爽口感。

氧化培養

通常葡萄酒都是在裝滿酒的木桶中進行熟成。酒農會定期在木桶裡添加一些酒（這個動作稱為添桶），以填補蒸發的葡萄酒，避免酒長期直接與空氣接觸，造成過度氧化的情形發生。

然而有些葡萄酒在木桶熟成期間，酒農會故意不把蒸發掉的酒補足，讓木桶裡空出了一個位置給空氣，促進氧化作用，讓這些葡萄酒產生非常特殊的核桃、咖哩、乾果或苦橙的香氣。

有時死掉的酵母菌會在葡萄酒表面形成一層保護薄膜，我們稱這種酒為陳釀氧化干白酒（vin de voile），其中最有名的來自法國侏羅區。此外，侏羅黃酒、西班牙雪莉酒、葡萄牙波特酒與馬德拉酒、法國班努斯甜酒，這些酒也都經過氧化培養而成。

 微氧化（微氣泡）

就是以人工方式在葡萄酒裡加入少量的氧氣（通常用在酒槽培養，少見於木桶培養）。這項技術是為了達到與木桶培養相同甚至更好的效果，讓單寧軟化並且加速葡萄酒的陳年。目前這種做法還是具有相當的爭議性，因為人們認為這樣做會磨去葡萄酒的風格特徵。

甜型與超甜型葡萄酒

甜型葡萄酒（moelleux）與超甜型葡萄酒（liquoreux）有什麼差別？甜型葡萄酒在發酵完畢後，所含的餘糖量在每公升 20 至 45 克之間；超甜型葡萄酒的餘糖含量則是每公升 45 至 200 克。

釀造甜酒的門檻其實不高，要增加甜度，最簡單的方法就是在酒精發酵的過程中加糖。當葡萄持續發酵直到酒精濃度達到 12.5%，再加入二氧化硫來終止發酵。

製造甜酒的方法

　　想要釀造口感佳的甜型或超甜型葡萄酒，就要想辦法獲得含糖量更多、味道更甜的葡萄。酒農通常會利用一些特殊的採收方法，例如：

遲摘型葡萄酒（vendange tardive）：
採收的時間較一般釀酒葡萄更遲也更長，幸運的話，這些葡萄會沾染上貴腐菌；這種黴菌會濃縮葡萄的糖分並增添一種燒烤的香氣，我們稱受感染的葡萄為貴腐葡萄。

麥稈甜酒（vin de paille）：
這些葡萄被採收的時間較早，然後便置放在麥稈堆或草蓆上數個月，讓水分蒸發、糖分升高。在義大利、希臘、西班牙或法國侏羅區可以找到這類甜酒。

風乾葡萄酒（passerillage）： 將葡萄直接留在樹上，讓秋天的陽光和風將它曬乾或風乾。這種方式需要炎熱、乾燥、多風的氣候，較常見於法國西南產區或瑞士瓦萊（Valais）。

選粒貴腐型葡萄酒（selection de grains nobles/beernauslese）：
比遲摘葡萄含有更多的糖分，採收的時間更遲，沾染貴腐菌的比例也更多。

冰酒： 在寒冷的種植地區，酒農會等到冬天再來採收結冰的葡萄。德國、奧地利，特別是加拿大出產的酒都可以發現冰酒的標誌。

為了盡可能萃取出所有的汁液，這些葡萄的榨汁過程非常緩慢，酒精發酵的過程更慢。酒農在榨汁時會將果皮與果汁過濾，這麼做是為了剔除葡萄皮上的酵母，而要終止發酵時則會加入二氧化硫或降低溫度。

中途抑制發酵的天然甜葡萄酒

天然甜葡萄酒（vin de naturel，簡稱 VDN），或稱加烈甜葡萄酒（來自英國的說法），其釀製方法和一般紅酒或白酒一樣，只是在發酵的過程中會加入烈酒。這類型的葡萄酒都帶有甜味（有時不甜），裝瓶時的酒精濃度都會超過 15%。

酒精

製造方法
天然甜葡萄酒在進行酒精發酵時，會加入中性烈酒（酒精濃度 96%）來終止酵母的活動。這中性烈酒沒有任何味道和香氣，但是它可以殺死酵母，保留葡萄的糖分。

法國出產的天然甜白酒：Muscat-de-Beaumes-de-venise、muscat-de-rivesaltes、muscat-de-fontignan、muscat-de-cap-corse。

全世界最著名的甜紅酒，肯定是葡萄牙生產的波特酒（Port）。

法國天然甜紅酒：以格那希品種釀製的哈斯多（Rasteau）甜酒，還有班努斯（Banyuls）和莫利（Maury）產區的天然甜酒。

酒精

糖

雪莉酒（赫雷斯酒）
來自西班牙赫雷斯（Jerez）產區的加烈甜酒，經過發酵、熟成的程序，最後在裝瓶前才加入白蘭地來提高酒精濃度。由於葡萄中的糖分在發酵時都已被轉化成酒精，所以剛完成的雪莉酒是不甜的。有些雪莉酒在裝瓶前會加糖，有些則會再經過氧化培養增加香氣。

馬德拉甜酒（Madère）
馬德拉酒會在酒精發酵的過程中加入烈酒（白蘭地）抑制發酵，然後在酒槽中以 45℃的高溫持續加熱數個月。上好的馬德拉酒會在培養的過程中繼續加熱，稱為馬德拉式氧化。

生命之水
（葡萄蒸餾酒）

利口酒（Liqueur）
釀造方式與天然甜葡萄酒類似，不過它是加入「生命之水」來抑制酒精發酵，而不是使用中性烈酒。最有名的加烈甜酒應屬加入干邑白蘭地（Cognac）的 Pineau-des-Charentes 甜酒，此外，加入雅馬邑白蘭地（Armagnac）的 Floc-de-gascogne 甜酒、侏羅區的 Macvin du Jura 與法國西南產區的 Marc du Franche-Comté 等，也小有名氣。

澄清、過濾，以及純素葡萄酒

葡萄酒行業已有越來越多女性投入。女性最早是出現在酒莊的管理、販售、行銷或公關等職務中，如今已能承擔各種工作。女性在葡萄酒工藝和侍酒師學院中佔學生人數的一半。她們也是酒農：30% 的葡萄園經理是女性。

澄清
即添加一種在單寧接觸到懸浮的沉澱物時會凝結的物質，來為葡萄酒進行「澄清」。這種物質可將微粒包起，接著可與葡萄酒分離並去除。早在羅馬時代，人們就採用這樣的做法。常用來澄清的食材為：蛋白（用於紅酒）、乳蛋白（用於白酒）、魚膠、吉利丁、粘土、豌豆、小麥、馬鈴薯。

過濾
即用一個或多個厚度和網孔大小不同的濾器為葡萄酒過篩。

優點
澄清和過濾可去除沉澱物，讓外觀不混濁，使葡萄酒更清澈明亮。還可消除一些難聞的氣味。

不便之處
澄清和過濾也會去除酚類和芳香化合物，這可能會改變葡萄酒的風味、結構及香氣。因此，有些酒款的酒瓶上會標明「不澄清也不過濾」。

這些方法的運用，皆與葡萄酒的釀造有關：如果葡萄酒熟成一年以上，酒渣和其他顆粒將有時間沉澱在釀酒槽或橡木桶的底部，這時便不需要澄清和過濾。但對於沒有熟成過程的葡萄酒來說，就並非如此。

歷史上的葡萄酒滋味

幾世紀以來，葡萄酒的風味一直在變化。不論是鹹甜、濃烈或清淡，酒會依釀造方式的不同，而有不同的個性。不要以為過去的葡萄酒就比較天然：人類總是喜歡添加多種成分，有時只是單純想讓酒更加美味，也有時是為了製作藥酒。但可以肯定的是：我們今日飲用的葡萄酒，和過去幾世紀的酒毫不相干。

埃及特級葡萄園

在 4000 年前的埃及古王國時期，人們會將葡萄酒保存在用軟木塞封好的雙耳瓶中，然後密封。酒瓶上含有關於葡萄產地和採收年份等說明。因此，埃及人通常會讓葡萄酒進行陳釀，並依據產地的風土和聲望進行分類。那時的葡萄酒主要是白酒。

百里香還是肉桂？

在希臘羅馬時期，葡萄酒通常是無色、黃色或橘色，很少有紅色或粉紅色的葡萄酒。但最重要的是，人們喝的並非純酒：他們喜歡添加香料，例如百里香或肉桂、花、植物根，甚至是蜂蜜或海水，因此這時的葡萄酒較甜。雙耳瓶會被保存在裝有海水的水池中。這些葡萄酒是有酒標的，因為有些葡萄酒在歷史上知名，例如來自希臘島嶼的葡萄酒。

清淡衛生

中世紀的酒農由修道士、領主和貴族管理。在 1224 年一場國際葡萄酒比賽後，官方的產區分類開始用於今日知名的葡萄園。白酒始終很受歡迎，紅酒的勢力從此時開始擴張。雙耳瓶已被橡木桶取代。這樣的葡萄酒保存不易，必須趕快喝掉（尤其是當時還沒有酒瓶），味道也較為清淡（酒精濃度 9 至 10%），幸好當時人們平均日喝 3 升！值得一提的是，當時的水很髒，會引發疾病。因此，當時的葡萄酒也是一種保健飲品！

非嫁接的葡萄藤

我們幾乎難以想像 1880 年之前的葡萄酒味道。今日大多數國家的葡萄園，都使用了砧木進行葡萄的嫁接。自從根瘤蚜蹂躪歐洲葡萄園以來，幾乎所有的葡萄藤都生長在不屬於它們的根上。即使差異很小，但品酒專業人士也意識到，來自非嫁接葡萄藤的稀有葡萄酒具有更高的密度和芳香餘味。這也可能才是古代人喝到的葡萄酒滋味。

各式各樣的葡萄酒瓶

依容量來分：

1/4瓶裝
（Quart）
187.5或200 ml

半瓶裝
（Demie）
375 ml

克拉夫蘭瓶
（Clavelin）
620 ml

標準瓶
（Bouteille）
750 ml

2瓶裝
（Magnum）
1500 ml

4瓶裝
（Jéroboam）
3000 ml

6瓶裝
（Réhoboam）
4500 ml

8瓶裝
（Mathusalem）
6000 ml

12瓶裝
（Salmanazar）
9000 ml

16瓶裝
（Balthazar）
12000 ml

20瓶裝
（Nabuchodonosor）
15000 ml

* ml = 毫升

依產區與酒款來分：

蜜思嘉甜白酒瓶
（Muscat de
Frontignan）

雪莉酒瓶

波特瓶

波爾多瓶

香檳瓶

蜜思嘉甜白酒瓶
（Muscat de
Beaumes-de-Venise）

香檳瓶（2瓶裝）

克拉夫蘭瓶
（Clavelin）

阿爾薩斯瓶

馬德拉甜酒瓶

勃根地瓶

隆河瓶

克拉夫蘭瓶
（620 ml，侏羅區黃酒專用）

班努斯甜酒瓶
（Danyuls）

普羅旺斯白酒瓶

蜜思嘉甜白酒瓶
（Muscat de
Rivesaltes）

普羅旺斯粉紅酒瓶

軟木塞的祕密

軟木塞的使用可以回溯到古典時代的歐洲，那時人們就已經開始用它來塞住雙耳尖底甕了。後來軟木塞就失去蹤影，直到十七世紀隨著玻璃瓶的發明，軟木塞才再次出現。

製造

　　主要用來製作軟木塞的橡樹，多種植在葡萄牙、西班牙、摩洛哥與阿爾及利亞一帶。一棵橡樹長大到它的樹皮可供做為軟木塞，大約需要二十五年的時間。工人約每九年做一次剝皮技術，這樣橡樹平均可以活到一百二十五歲。剝下來的樹皮則要經過風乾、清洗再切開。

▶ 品質最好的軟木塞是直接以整塊樹皮做成。最普通的塞子是使用軟木顆粒壓製黏合而成，通常用於適合趁早飲用的葡萄酒。

空氣

▶ 軟木塞的品質根據樹木的來源而有所不同：塞子本體的縫隙（樹皮的皮孔）越少，塞子的密封效果就越好。若塞子的切割面平整毫無痕跡，我們稱之為「鏡子」。一顆軟木塞如果每一面都像鏡子是非常難得一見的，如此它的價格可能會增加到每顆三歐元。這種軟木塞都會被用來彌封名氣響亮、品質極佳的葡萄酒，至少可以陳放半個世紀以上。

或

品質

▶ 打開酒瓶時可以聽見令人
期待的清脆響聲。

▶ 品質第一：
好的軟木塞要能完全密封，
並且阻止氧氣進入酒瓶。

▶ 全民投票：
大部分的消費者還是喜歡天
然、有歷史感的軟木瓶塞，
彷彿有了它就是葡萄酒的品
質保證。

▶ 軟木塞本身具有彈性，讓它得
以與酒瓶的頸口完美結合。它
還能適應輕微的溫度變化，隨
著季節過去，保護葡萄酒數十
年也沒問題。

5 年　　15 年　　30 年

缺點

3-4% 的機率
會臭臭的

▶ 軟木塞最大的缺點就是汙染問題，也就是惡名昭彰的「軟木塞味」。
軟木塞中含有一種化學分子（三氯苯甲醚，簡稱 TCA），會使酒散
發出陳腐或發霉的味道，只要一點點就能讓整瓶酒難以入喉。軟木
塞的製造者需要嚴格地控管衛生條件，小心翼翼地剔除受到汙染的樹
皮，才能大大減少 TCA 的問題。統計顯示，每一百瓶酒裡面就有三
或四瓶因軟木塞而變質，我們在採購的時候應該要把這部分的風險考
慮進去。

 酒瓶平躺

注意，軟木塞是會乾掉脆化的。這就是為什麼要
讓酒瓶躺平，讓瓶內的葡萄酒與軟木塞接觸，否
則塞子會因乾燥而失去彈性，且無法過濾氧氣。

其他種類的瓶塞

合成軟木塞

生產成本比天然的軟木塞便宜。這些矽膠合成的瓶塞同樣具有保護的功能……至少在短期之內沒問題。

事實上，矽膠瓶塞會隨著時間而失去彈性，不出兩、三年，它就會慢慢硬化，失去密封功能。然而大部分會使用這種塞子的葡萄酒，早一點把它喝掉也比較好。

金屬旋轉瓶蓋

這種瓶蓋其實不太受到傳統愛酒人士的歡迎（非天然木材、開瓶時沒有聽慣了的木塞聲、慣用的開瓶器變得無用武之地），但是它讓開酒變得非常輕鬆，尤其在野餐時更是方便。瑞士和紐西蘭從 1970 年代就開始使用金屬旋轉瓶蓋，並且成功帶起一波熱潮。

優點：
▶ 可以完全密封酒瓶。
▶ 品質不會隨著溫度的變化而改變
▶ 最重要的是，它不會有「軟木塞味」汙染的問題。

這種瓶蓋是真的可以密封酒瓶。部分的品酒人士認為，使用金屬瓶塞的葡萄酒，在成熟度和香氣的變化都不如使用軟木塞的葡萄酒來得明顯。事實上，根據瓶塞的差別來做品酒比較後發現，陳年超過十年的葡萄酒香氣真的不一樣。

現在金屬瓶蓋的製造商考慮在蓋子上加入少量的毛細孔，如此一來就可以更靠近天然軟木塞的效果。

金屬瓶蓋的成功：每年全世界生產約一百七十億瓶的葡萄酒，其中四十億瓶酒使用金屬旋轉瓶蓋，而且這些數字還在逐年增加中。

為什麼要在葡萄酒裡加硫？

硫的優點：

▶ 在發酵期間做為保鮮劑，保護葡萄汁，避免氧化破壞了味道。

▶ 硫化物可以終止發酵，保留葡萄酒中殘留的糖分，好釀造甜酒。

▶ 可使裝瓶後的葡萄酒品質保持穩定，不讓葡萄酒提早老化。

硫的缺點：

▶ 會產生不好的味道（硫的味道類似臭雞蛋）。

▶ 硫是一種抗氧化劑，會促進還原作用，開瓶時會冒出令人不愉快的味道（花椰菜的味道）。

▶ 硫化物喝多了會讓人頭痛或不舒服（它會和身體裡的細胞搶氧氣）。

▶ 使葡萄酒變得僵硬，模糊了酒的個性。

綜合上述原因，大部分的酒農都會盡量少用硫化物。同樣地，酒農們在採收和運送時，會盡可能小心，避免讓葡萄發生破裂的狀況，盡可能維持酒窖的乾淨，想辦法減少葡萄氧化的機會。

每一款酒的平均含硫量：量最少的是紅酒，最多的是甜酒。

紅酒　　氣泡酒　　粉紅酒　　白酒　　甜酒

硫的使用量：
依據不同的葡萄酒種類，硫化物的添加量從每公升三毫克到三百毫克不等，差異非常大。

不含硫的葡萄酒

有些非常「勇敢」的酒農選擇在釀酒時不添加硫化物，這麼做不僅在發酵期間的出錯機率會變大、氧化速度加快，釀出來的葡萄酒穩定性也較低、保存條件非常嚴格（溫度必須低於16℃）。然而這些不含硫的酒充滿新鮮活力（或是過熟蘋果的氣味），讓品酒的人感到驚豔。

葡萄酒相關職業

葡萄酒行業正緩慢趨向且肯定會越來越女性化。女性最早是出現在酒莊的管理、販售、行銷或公關等職務中，如今已能承擔各種工作：在葡萄酒工藝和侍酒師學院中佔學生人數的一半。她們也是酒農：30% 的葡萄園經理是女性。因此不需要特別區分「女性的葡萄酒」，要透過品嚐葡萄酒來猜測釀造者的性別是不可能的。

葡萄酒工藝學家

與葡萄種植者合作，追蹤葡萄的演變，提供關於採收的日期建議。接著會監督釀造過程，分析葡萄酒的品質和健康狀況，也能指導釀酒和混釀的過程。若充分掌握正確化學知識，便可能取得葡萄酒工藝學的文憑。

酒農

身兼種植者、手工藝者和商人，從種葡萄開始至裝瓶一手包辦，有時也直接將葡萄酒販售給消費者。是葡萄種植和葡萄酒釀造的第一線工作者。儘管如此，還是會有人協助他進行各項工作。

酒窖總管

在大型葡萄園中會有不同的分工，負責管理酒窖，也可能負責監督葡萄酒的釀造、熟成和陳釀，甚至負責確保品嚐時的品質，並決定上市日期。經常與葡萄酒工藝學家合作。

葡萄種植經理

葡萄種植經理負責指導和監督大型葡萄酒莊的葡萄種植工作。他負責管理葡萄的種植，也負責管理農工。

釀酒師

工作內容涵蓋葡萄酒工藝學家、酒窖諮詢師和一般物業的顧問。除了極少數的特例，在法國很少使用這個詞。許多國家都有釀酒師的需求，因此這職業也被稱為「飛行釀酒師」。

批發商

葡萄種植者與經銷商之間的中介角色，會混釀來自不同生產者的葡萄酒，並以自己的品牌販售。這讓他們得以販售大量的葡萄酒，以及一系列法定產區的葡萄酒。在艱辛的年份，批發商的存在，可以確保葡萄酒的數量和品質一致。注意：在波爾多的葡萄酒貿易中，批發商習慣不去混釀葡萄酒，而是從大小城堡購入葡萄酒，以確保在世界各地的銷售。因此，許多城堡都將葡萄酒的銷售委託給稱為「波爾多廣場」（Place de Bordeaux）的批發商。

侍酒師

美食與葡萄酒搭配的專家。他在餐廳工作，技能同時包含品酒、葡萄酒知識和餐桌服務。他會擬定酒單，購買葡萄酒，為顧客提供建議。他還負責管理酒窖並監督酒窖的發展。他選擇適合飲用葡萄酒的時機，並確保包括從玻璃水瓶的溫度到酒杯的選擇等最佳服務條件。

其他葡萄酒相關職業

還有許多其他與葡萄酒有關的行業：專門從事葡萄種植的苗圃工作者、塑造酒桶的製桶工、在生產者和買家之間談判價格的經紀人、進口和銷售葡萄酒的代理商，甚至是行銷和公關經理、軟木塞製造商、酒標印刷廠等，更不用說各種酒商了！

這天，卡洛琳背起了背包，開著車出發了。每年休假的時候，她都渴望看見外面世界的風景，逃離城市、尋找好喝葡萄酒的念頭總是塞滿了她的腦袋。雖然車上有衛星導航，她卻很少使用，寧願順著沒有柏油的小徑自在地迷路，隨興地停下來參觀中意的酒莊或葡萄園。她任由阡陌縱橫的「酒鄉之路」看板指引自己，登上山丘，翻越河谷。她一邊仔細觀察陽光下的葡萄，踩過滿是岩石、黏土或鵝卵石的土地，在葡萄園中賣力前進。

她想起艾多曾經對她說：「妳看，不同地區的風土條件種出來的葡萄是那麼不一樣。」卡洛琳親眼見到了山丘上的葡萄園、欣欣向榮的枝芽，還有因歲月而蜿蜒的葡萄老藤。她品嚐了強而有力的阿爾薩斯白酒、醇厚的隆格多克白酒、來自葡萄牙綠酒區的白酒、柔順如絲的西班牙里奧哈紅酒、與肌肉結實的義大利托斯卡尼紅酒。在卡洛琳的背包裡跟著她回家的，除了幾張照片，還有這些葡萄酒的美麗滋味。她了解到，葡萄生長的地區、氣候、海拔、濕度、歷史，還有葡萄農耕作的方式，都會賦予每種葡萄酒獨一無二的個性。而「風土」這個字眼也深深印在她的腦海中，與葡萄酒的滋味融合在一起。

這個章節獻給所有像卡洛琳一樣愛好旅行、探險、發掘與親近土地的人。

CAROLINE

卡洛琳參觀酒莊

風土條件／法國葡萄酒
歐洲葡萄酒／世界葡萄酒

· 風土條件 ·

風土（terroir）是個不容易理解的概念，這個詞在其他的語言中很難找到相同的詞來翻譯，即使在英文中也沒有對應的詞彙。總歸來說，「風土條件」就是每個產區獨有的栽培環境，包含了成就葡萄酒個性的所有因素。

地理情況

氣候

相對於氣象，氣候意謂著一個特定範圍的天候條件。

我們可以試著用下列標準來界定葡萄酒產區：

▶ 最低與最高的平均氣溫

▶ 平均降雨量

▶ 風的特性：風可以讓葡萄串保持乾燥、涼爽或溫暖，甚至防止結冰

▶ 特殊氣候的威脅，例如結冰、下冰雹或是暴風雨

氣候可分成大陸性氣候、海洋性氣候、高山氣候與地中海型氣候。在這些大氣候區內又包含了小氣候區，主要是受到地形的影響，像是盆地、山丘、湖泊或森林等等。

海拔高度
在高山與接近海平面的地方種植葡萄，方法是不一樣的。夏季與冬季，甚至早晨與夜晚之間的溫差，都會隨海拔高度而有所不同。海拔因素就如同氣候，對於當地葡萄農所選擇的葡萄品種有著決定性的影響。

山坡
山坡上的葡萄園排水速度較快，可避免葡萄根部長時間接觸雨水。在面向南邊、西南邊與東南邊的山丘上，葡萄園可以享受較長時間的日照，山坡上的土壤也較平地的土壤來得貧瘠。綜合上述原因，位置在平緩或陡峭山坡上的葡萄園，通常能生產出較出色的葡萄酒。

不同的地質

比起一般土壤的組成成分，更重要的是土壤底層的底土，也就是植物根部所在的母岩層。

底土的種類：

▸ 黏土、石灰岩、石灰質的土壤
▸ 海洋消失後留下來的泥灰岩
▸ 來自山區的片岩、花崗岩與片麻岩

▸ 來自海洋、河流與三角洲的沙質土、砂礫土與礫石土
▸ 鵝卵石、白堊土、玄武岩、火山岩……

在同一個地區，經常會有不同種類的地質相連或交互層疊，使得風土條件更加複雜。

黏土地質	石灰岩地質	片岩地質	花崗岩地質	泥灰岩地質	火山岩地質
讓葡萄酒嚐起來更濃厚肥美、更多單寧。	賦予葡萄酒優雅的酸度與細緻口感。	喝起來感覺較嚴肅、纖瘦，帶有礦石風味。	喝起來更柔順和諧、更多香氣。	賦予葡萄酒更強勁的口感。	讓葡萄酒更有深度，尾韻拉得更長，還帶點煙燻氣息。

 土壤的養分

大致上來說，葡萄樹比較喜歡貧瘠的土壤。品質好的葡萄酒通常來自較貧瘠、水分與養分恰到好處的土地。葡萄樹的根部會盡可能地向下扎根，在表土下數公尺深的地方汲取養分。根扎得越深，葡萄酒的風味越好。不能讓葡萄樹壓力太大（土壤太貧瘠），也不能過度保護（土壤太肥沃）。過於肥沃的土質會讓葡萄樹長得像藤蔓一樣茂盛，反而無法濃縮葡萄果實裡的汁液。

葡萄農的工作

沒有農夫,再好的風土條件也只是一個理想的空殼。

葡萄農的工作,便是將風土條件的價值發揮到極致,並且好好管理他的葡萄園。

根據土壤、氣候、葡萄品種來綁枝、剪枝,細心地照顧葡萄樹,並且選在最佳的時刻採收。

挑選地塊:在六世紀時,勃根地的僧侶會試吃泥土,來決定土地的使用方式;現今則以測試酸鹼值或地質分析等更科學的方法,來幫助我們更有效利用土地。

在酒窖中,葡萄農會選擇最佳的釀造與培養方式,避免過多的技術干預或放任,才不會抹煞了原有的風土滋味。

耕土、排水,適時施肥並且灌溉土壤。

尊重當地的自然環境,選用適合的技術來詮釋在地獨有的風土條件,如此釀造出來的才是真正的「風土葡萄酒」,而不只是簡單的「品種葡萄酒」。

什麼是風土葡萄酒?

▶ 葡萄酒的個性反映了當地的土壤與地理條件。
▶ 讓人聯想起當地歷史與傳統生產技術的葡萄酒(類似當地名產)。
▶ 不依照流行口味而生產的葡萄酒。

什麼是品種葡萄酒?

▶ 僅僅表現出葡萄品種的香氣。
▶ 不依照地理區塊劃分、不受產地限制的葡萄酒。
▶ 技術本位的葡萄酒,而該釀造技術並不會反映當地特色。
▶ 不管產地的風土條件如何,嚐起來都與現今流行口味相似。

勃根地 / Bourgogne

白酒與氣泡酒：約 70%
紅酒：約 30%

夏布利 CHABLIS

第戎 DIJON

馬貢 MÂCON

你該知道的事

勃根地沒有城堡，只有莊園或小葡萄園。除了約訥省略為偏遠的夏布利和大歐歇瓦以外，勃根地葡萄園從第戎延伸至里昂，形成幾公里寬的狹長地帶。由北至南分為四個小區域：夜丘、伯恩丘、夏隆內丘和馬貢內。

白酒或紅酒？

來自夏布利法定產區的葡萄酒一定是白酒。夜丘則以紅酒聞名。伯恩丘也有生產著名的白酒，不過玻瑪和渥爾內只生產紅酒。勃根地四處皆可找到白酒和紅酒，也有生產不錯的氣泡酒，即勃根地氣泡酒。

葡萄品種

勃根地的葡萄品種非常單純：黑皮諾幾乎只用來釀製紅酒，夏多內適合釀造白酒（除了阿里哥蝶的勃根地和聖布里的蘇維濃）。這裡與波爾多和其他葡萄酒產區不同，葡萄酒的個性較不明顯，或常以混釀形式販售。然而，根據生產者和風土的不同，仍會帶來重大的差異。

分級制度

勃根地大約有一百個法定產區，以地區名稱和特級產區進行分級。寫在法定產區之後的地塊（lieu-dit）與區塊（parcelle）超過 2,500 個。

白葡萄品種
夏多內（chardonnay）、阿里哥蝶（aligoté）

紅葡萄品種
黑皮諾（pinot noir）、加美（gamay）

法定產區分級與舉例

地區級法定產區：勃根地
地區級副產區：夜丘
村莊級法定產區：Gevrey-Chambertin（哲維瑞 - 香貝丹）、saint-véran（聖維宏）
一級園法定產區（Appellation 1er cru）：Gevrey-Chambertin 1er Cru Aux Combottes（哲維瑞香貝丹貢柏特一級園）、Gevrey-Chambertin 1er Cru Bel-Air（哲維瑞香貝丹「和煦清風」一級園）
特級園法定產區（Appellation grand cru）：Chablis Grand Cru Vaudésir（夏布利渥玳日爾特級園）、Corton Grand Cru Les Renardes（伯恩丘高登荷納德特級園）、Grands-échezeaux（夜丘大艾雪索特級園）

夏布利與大歐歇瓦

夏布利 Chablis

勃根地 Bourgogne

奧賽丘 Côtes d'Auxerre

希特里 Chitry

聖彼茲 Saint-Bris

依宏希 Irancy

估隆吉 - 維諾茲 Coulanges-la-Vineuse

第戎 Dijon

夜丘

哲維瑞 - 香貝丹 Gevrey-Chambertin

莫瑞 - 聖丹尼 Morey-Saint-Denis

馬沙內 Marsannay

菲尚 Fixin

香波 - 蜜思妮 Chambolle-Musigny

梧玖 Vougeot

艾雪索 Échezeaux

馮內 - 侯瑪內 Vosne-Romanée

夜 - 聖喬治 Nuits-Saint-Georges

佩南 - 維哲雷斯 Pernand-Vergelesses

薩維尼 Savigny-lès-Beaune

蒙蝶利 Monthélie

聖侯曼 Saint-Romain

拉都瓦 Ladoix

阿羅斯 - 高登 Aloxe-Corton

修黑 - 伯恩 Chorey-lès-Beaune

伯恩丘

伯恩 Beaune

奧賽都黑斯 Auxey-Duresses

聖歐班 Saint-Aubin

馬宏吉 Maranges

松特內 Santenay

玻瑪 Pommard

渥爾內 Volnay

梅索 Meursault

布拉尼 Blagny

普里尼 - 蒙哈榭 Puligny-Montrachet

夏山 - 蒙哈榭 Chassagne-Montrachet

布哲宏 Bouzeron

乎利 Rully

梅克雷 Mercurey

夏隆內丘

吉弗里 Givry

蒙塔尼 Montagny

維列克雷榭 Viré-Clessé

馬貢內

聖維宏 Saint-Véran

普依 - 富塞 Pouilly-Fuissé

普依 - 樓榭 Pouilly-Loché

普依 - 凡列爾 Pouilly-Vinzelles

馬貢 Mâcon

勃根地的葡萄園

克理瑪

在法國其他地區，「區塊」與「風土條件」交織出該區獨有的栽培環境；而在勃根地，是「克理瑪」（Climat）造就了葡萄園的馬賽克地景。Climat 在一般法文中泛指氣候，但在勃根地則是指一塊能釀造出特殊風味的地塊。從十六世紀，甚至是更早以前，「克理瑪」就代表了這個地區。

勃根地地區有超過兩千五百種完全由官方定義的克理瑪；甚至在 2015 年被列為聯合國教科文組織世界遺產。

在勃根地的任何區塊上生產葡萄酒的酒農，都可在酒標上註明名稱。有些區塊非常知名，例如伯恩的慕須酒莊（Le Clos des Mouches）、夜 - 聖喬治（Nuits-Saint-Georges）的弗克朗（Les Vaucrains），或是夏布利的葛奴乙（Grenouilles）。其他的區塊則採用較趣味的名稱：公正園（La Justice）、仙女之下（Sous la Fée）、維傑之路（En la Rue de Vergy）。勃根地的酒，總是充分地展現出詩意。

馬賽克地景

由於千變萬化的克理瑪分布，勃根地的酒農經常將葡萄園分散在好幾個區塊和好幾個法定產區。在勃根地地區，特別難找到一個只有一大片連續種植的酒莊。反而，比較像是「此處有個一公頃的葡萄種植區塊，彼處有個兩公頃的區塊」這樣的零星分布。在同一個地塊內，通常坐落著好幾個不同的酒莊，每個酒莊都擁有一小部分的種植區塊。

價格

近年來，勃根地一直深受克理瑪之利，同時也深受克理瑪之害。也因為這個理由，來自某幾個著名產區的葡萄酒既稀有又昂貴。勃根地在價格方面可以說是搶了波爾多的風頭：在 Wine-Searcher 網站於 2015 年建立的世上最昂貴的葡萄酒排名中，勃根地就佔據了前十名中的七名。所幸，勃根地不是只有特級園而已。氣泡酒、馬貢和夏隆內丘的葡萄酒，有著極吸引人的性價比。

如何購買？

若要購買勃根地葡萄酒，首先必須選擇法定產區。寧可選擇不知名的村莊級法定產區，也不要選擇地區級或一般的法定產區，因為後者意味著收穫的葡萄隨處可見。訣竅是：選擇鄰近信譽良好村莊的隱密村莊。例如，紅酒要選擇蒙蝶利（monthélie）而非渥爾內；白酒應選擇聖歐班（saint-aubin）而非梅索（meursault）。性價比優異的馬貢白酒，值得好好品嚐一番。

酒商

酒標上除了法定產區等地理資訊，還會標示生產者或酒商的名稱。勃根地有很多酒商，他們通常會向自有莊園購買葡萄或葡萄酒，然後以自己的名義販售。他們往往能從大範圍的法定產區中蒐購到多樣的葡萄酒。有些較大的酒商，甚至還會提供勃根地所有法定產區的葡萄酒。即使是年份較新的酒，大酒商也有很多庫存，其中有些品質也令人驚豔。但總的來說，自有莊園的葡萄酒還是更具特色。

風味

法國北部地區的黑皮諾極其細緻：哲維瑞香貝丹的黑皮諾優雅迷人，香波蜜思妮的黑皮諾細膩非凡。越往南邊的葡萄酒，口感則越豐厚：玻瑪的葡萄酒很濃郁，梅克雷的葡萄酒令人垂涎三尺。夏多內也是如此：夏布利的葡萄酒純淨且帶有礦物味；伯恩丘的葡萄酒較圓潤；馬貢葡萄酒濃稠厚實，口感甚至可說是肥美。

薄酒萊 / Beaujolais

紅酒：98%
白酒與氣泡酒：2%

你該知道的事

薄酒萊與薄酒萊新酒

在一般人的心目中，薄酒萊葡萄酒總是讓人聯想到薄酒萊的小弟：薄酒萊新酒。每年十一月的第三個星期四，全球酒商會同步慶祝新酒上市，品嚐剛剛發酵完成即裝瓶的第一批新酒。薄酒萊新酒沒有時間發展複雜的香氣，使得人們常嫌棄它太過簡單，還有一股著名的「香蕉味」。事實上，薄酒萊不只有新酒而已。單寧低、果香重的加美葡萄，為薄酒萊釀出了順口易飲的葡萄酒，而特級村莊（Beaujolais Cru）生產的酒不僅風味更複雜，還能陳放十年以上。

該選什麼酒？

如果你在尋找清淡順口的葡萄酒，薄酒萊村莊級（Beaujolais Villages）將會是有趣的選擇。在薄酒萊特級村莊出產的酒當中，可以發現更多品質令人驚艷、價格平易近人的品項，例如摩恭、薛納、風車磨坊，這些特級村莊出產的葡萄酒飽滿厚實，有更多的單寧，而且更經得起陳年；希路柏勒和聖艾姆正好相反，他們是特級村莊酒細緻與輕盈的代表；另外，在弗勒莉可以找到花香與紅色莓果香氣濃烈的葡萄酒。

白葡萄品種	紅葡萄品種
夏多內	加美

法定產區分級
Beaujolais、Beaujolais Villages、Beaujolais Cru

馬貢 Mâcon

薄酒萊村莊 Beaujolais-Villages

希路柏勒 Chiroubles

朱里耶那 Juliénas
聖艾姆 Saint-Amour
薛納 Chénas
風車磨坊 Moulin-à-vent
弗勒莉 Fleurie
摩恭 Morgon
黑尼耶 Régnié
布依丘 Côte de Brouilly
布依 Brouilly

薄酒萊 Beaujolais

里昂丘 Coteaux du Lyonnais

里昂 Lyon

波爾多 / Bordeaux

紅酒和粉紅酒：約 90%
白酒：約 10%

白葡萄品種
蘇維濃（sauvignon）、榭密雍（sémillon）、
密思卡岱勒（muscadelle）

紅葡萄品種
卡本內蘇維濃、梅洛、卡本內弗朗、小維鐸（petit verdot）、
馬爾貝克（malbec）

你該知道的事

波爾多出產全世界名氣最大也最昂貴的紅酒，當然，我們還是可以找到許多名氣不大、價格合理的葡萄酒。請留意酒標上會清楚標示產區、生產者與採收年份。

法定產區

除了一般常喝到的波爾多區域級以及優質波爾多等級（Bordeaux Supérieur）的葡萄酒外，還有更在地的產區像是梅多克，或是更知名、較大的產區，例如波雅克、瑪歌、聖美愛濃。

優質波爾多 Bordeaux Supérieur

與名稱暗示的不同，優質波爾多並不一定優於如玻美侯（pomerol）或聖朱里安（saint-julien）等法定產區的葡萄酒。擁有這個 AOC 的地區性法定產區名稱，便可使用所有來自波爾多葡萄園的葡萄，但這必須滿足比一般波爾多更嚴格的標準，例如來自樹齡超過二十年的葡萄，並在上市前至少熟成十二個月。

城堡

說到波爾多葡萄酒，我們總是會先想到城堡（château）而不是酒莊（domaine）。然而這些所謂的城堡，其實也就是經營它周圍的葡萄園罷了。名氣響亮的城堡出產的酒，價格相對高昂；有些城堡比較低調，價格較合理，但更值得消費者注意……然而有些城堡只存在於紙上，透過大量的行銷包裝來販售自己的酒，品質大多讓人不敢恭維。

年份與期酒

年份對波爾多葡萄酒來說非常重要，因為年份的好壞將會決定該年份的價格曲線。依據該年份的氣候條件與評價，也會影響城堡價格的高低。每年四月，來自世界各地的品酒師和批發商都會在波爾多的知名葡萄園中漫步，品嚐剛釀好的「期酒」。他們評估這些期酒的品質，然後由販售葡萄酒的批發商組成貿易體系，確定價格。因此，對同一間酒莊來說，評價極高的 2010 年或 2015 年的價格會高於 2011 年或 2013 年。只要年份好，不出名的小城堡也有機會釀出好酒，而知名城堡釀的酒則更適合拿來陳年。

一些近期的優良年份：

2016 年　2015 年　2010 年　2009 年　2005 年

風味

近兩世紀以來，波爾多葡萄酒的味道始終是典範，經常受到全世界所仿效！由梅洛和卡本內混釀而成的葡萄酒，稱為波爾多混釀（Bordeaux Blend）。波爾多的特色在於單寧含量高且清新，以及在橡木桶中充分熟成的厚實結構。此外，年輕的波爾多葡萄酒經常帶有木頭香。

梅多克
Médoc

聖艾斯臺夫 Saint Estèphe
波雅克 Pauillac
聖朱里安 Saint-Julien

梅多克

里斯塔克 - 梅多克
Listrac-Médoc

慕里斯
Moulis-en-Médoc

瑪歌 Margaux

上梅多克 Haut-Médoc

貝沙克 - 雷奧良
Pessac-Léognan
格拉夫 Graves

格拉夫與索甸

西隆 Cérons
巴薩克 Barsac
索甸 Sauternes

布拉伊丘 Blaye Côtes de Bordeaux
布爾丘 Côtes de Bourg

布萊與布爾

多爾河
加龍河

波爾多
Bordeaux

兩海之間

瓦意爾 - 格拉夫
Graves de Vayres

利布爾納

弗朗薩克與加儂 - 弗朗薩克
Fronsac et Canon-Fronsac

拉隆 - 玻美侯
Lalande de Pomerol

玻美侯 Pomerol

律沙克 - 聖愛美濃
Lussac Saint-Émilion

蒙塔涅 - 聖愛美濃
Montagne Saint-Émilion

聖喬治 - 聖愛美濃
Saint-Georges-Saint-
Émilion

普榭岡 - 聖愛美濃
Puisseguin-Saint-
Émilion

聖發 - 波爾多
Sainte-Foy-
Bordeaux

兩海之間
Entre-Deux-Mers

兩海之間 - 上貝諾吉
Entre-deux-Mers-Haut-
Benauge

卡迪亞克 Cadillac

盧皮亞克 Loupiac

蒙 - 聖跨
Sainte-Croix-du-Mont

聖馬蓋 Saint-Macaire

波爾多葡萄園

■ 右岸

早期最令人滿意的葡萄酒產區：佔主導地位的梅洛（merlot）口感圓潤；卡本內弗朗（cabernet franc）不似同家族的「卡本內蘇維濃」質地過於堅硬，風味也較為清新。這些酒在經過幾年的保存後，會變得更出色。

右岸（玻美侯、聖愛美濃等區）：主要是梅洛（卡本內弗朗）。

■ 白酒區

兩海之間（Entre-Deux-Mers）的葡萄酒清新、有活力，風味清淡。格拉夫的白酒較為濃郁、帶有木頭味且強烈。索甸（Sauternes）、巴薩克（Barsac）、盧皮亞克（Loupiac）或卡迪亞克（Cadillac）的白酒很甜，是甜酒中的標竿。

■ 左岸

利於保存的卡本內蘇維濃（cabernet-sauvignon）為大宗：這些葡萄酒需要時間才能展現出所有的優點。年輕的卡本內蘇維濃有時木頭味、單寧味和澀味會太重。但經過十年後，甚至是三十或四十年後，這些葡萄酒的風味就會變得無與倫比。格拉夫（Graves）的葡萄酒也有相同的情況，需要幾年時間才會變得溫和。

左岸（上梅多克和梅多克等區）：主要是卡本內蘇維濃（與梅洛）。

波爾多葡萄酒的分級

梅多克、格拉夫、聖愛美濃和索甸等最知名的葡萄酒都要進行分級（經常有爭議）。梅多克紅酒有一個基於 1855 年價格的分級。範圍包括從第一級到第五級的「列級酒莊」（grand cru classé），然後是中級酒莊（crus bourgeois）。

梅多克一級
（1ers grands crus classés du Médoc，1855 年）：
拉圖堡 Château Latour（波雅克）
拉菲堡 Château Lafite-Rothschild（波雅克）
木桐堡 Château Mouton-Rothschild（波雅克）
歐布里昂堡 Château Haut-Brion（格拉夫）
瑪歌堡 Château Margaux（瑪歌）

索甸特等一級
（1er grand cru supérieur de Sauternes，1855 年）：
伊更堡 Château d'Yquem

聖愛美濃特等一級 A
（1ers grands crus classés A de Saint-Émilion，2012 年）：
歐頌堡 Château Ausone
白馬堡 Château Cheval-Blanc
帕維堡 Château Pavie
金鐘堡 Château Angélus

 參觀波爾多的葡萄園

想探索波爾多的葡萄酒，可參加梅多克馬拉松：九月在葡萄園舉行的這場比賽，到處都是提供葡萄酒杯的攤位！否則也可以開車或騎自行車的方式，按地圖順序更從容地參觀城堡。你可以選擇參觀最知名的城堡（品嚐活動有時需付費），但也別忘了繞道參觀不知名的小酒莊，你將從中獲得美妙的驚喜。請注意：記得先打電話預約，因為可惜的是，有些城堡不對外開放，也不向個人販售葡萄酒。

阿爾薩斯 / Alsace

白酒：90%
紅酒與粉紅酒：10%

你該知道的事

品種

　　不同於法國其他產區，在阿爾薩斯，酒標上總會清楚標示葡萄品種；人們選酒會先選擇品種，而非選擇地塊。從富有礦石風味的麗絲玲，到充滿辛香料的格烏茲塔明那，以及帶點煙燻風味的灰皮諾（pinot gris），每種葡萄都有自己的個性。此區以出產白酒聞名，從不甜到很甜的都有。甜白酒會根據葡萄中的含糖量分成遲摘（vendange tardive）和精選貴腐葡萄（sélection de grains nobles）兩種等級，並且使用四種被稱為「貴族」的葡萄來釀造：蜜思嘉、灰皮諾、格烏茲塔明那、麗絲玲*。阿爾薩斯氣泡酒（crémant d'Alsace）也小有名氣，通常選用白皮諾（pinot blanc）葡萄釀造。此外當地還出產蒸餾白酒。

特級葡萄園

　　當品種選定之後，阿爾薩斯的葡萄酒愛好者便會看此款酒是否屬於「特級園」（Grand Cru）。五十一座特級園代表了阿爾薩斯五十一個特殊地塊（例如 Osterberg、Rangen、Schlossberg、Zinnkoepflé……），其生產的酒只能使用上述四種貴族品種釀造。阿爾薩斯擁有法國最複雜的地質結構（共有十三種，從火山沉積岩到富含砂質的片麻岩都有），也因為如此，我們可以在此找到物美價廉的好酒。

* 譯註：從 2006 年開始，希爾瓦那（sylvaner）也獲准使用。

威森堡 Wissembourg

馬爾勒南 Marlenheim

下萊茵省

萊茵河

史特拉斯堡
Strasbourg

莫爾塞姆 Molsheim

奧貝爾奈 Obernai

巴爾 Barr

當巴克拉維爾
Dambach-la-Ville

塞勒斯塔
Sélestat

里博維萊 Ribeauvillé

利克維 Riquewihr

上萊茵省

科爾馬
Colmar

蓋布維萊 Guebwiller

坦恩 Thann

米盧斯
Mulhouse

白葡萄品種
麗絲玲、格烏茲塔明那、蜜思嘉、希爾瓦那、灰皮諾、白皮諾

紅葡萄品種
黑皮諾

法定產區分級
Alsace、Alsace Grand
Cru、Crémant d'Aalsace

香檳區 / Champange

香檳區是法國最北邊的葡萄園，出產全世界最知名的節慶用酒。釀造香檳的法定葡萄品種有三：夏多內、黑皮諾、皮諾莫尼耶（pinot meunier）。只用夏多內釀造的香檳（只用白葡萄釀的白香檳）稱為「白中白」（blanc de blancs）；相反地，只用另外兩種紅葡萄釀造，則稱為「黑中白」（blanc de noirs）。粉紅香檳的色澤來自浸皮或是直接加入少量紅葡萄酒，後述的方法在香檳區較常使用。

你該知道的事

香檳代表的是眾多的品牌以及其葡萄所生長的地區，法定產區在香檳區其實沒有什麼意義*。不過還是有人認為 Côte des Blancs 區域較適合種植夏多內，Montagne de Reims 區域的黑皮諾表現較優秀，皮諾莫尼耶則多生長在 Vallée de la Marne 和 Côtedes Bar 兩地。即使鮮少標明，香檳區的法定產區仍有明確的分級：地區級（Champagne）、一級園（Champagne 1er Cru）和特級園（ChampagneGrand Cru）；後兩者是依照特定地塊（葡萄園）所採收的葡萄品質而定。

風味

香檳本身擁有多重細微的風味，但每款香檳之間並沒有明顯的差異。以夏多內釀成的白香檳通常最細緻、酸度也最高，適合當成開胃酒或搭配清淡的菜餚。紅香檳與粉紅香檳通常較為濃郁，也更有葡萄酒味（指類似一般葡萄酒的香氣與圓潤口感），能搭配整套餐點。土壤成分也會影響口感：在漢斯與埃爾佩

白葡萄種
夏多內

紅葡萄種
黑皮諾、皮諾莫尼耶

奈周圍因為有大量的白堊土，讓這裡的香檳有更多礦石風味與細緻度；黏土質則會讓酒變得圓潤肥厚。

單一年份或混合年份？

一般來說，香檳不會是單一年份。香檳在釀造時通常會混合不同年份的基酒，如此一來才能確保每家廠商每年生產的香檳品質，以及代表其品牌的獨特風格。若某年的採收狀況特別好，生產者便會單獨用該年採收的葡萄來釀造年份香檳。年份香檳個性較鮮明，並且擁有數十年的優秀陳年潛力，價格也較一般香檳高上許多。

甜或不甜？

大部分香檳會在裝瓶前進行補糖的動作，糖分甜度從每公升 0 公克一直到每公升超過 50 公克都有，這麼做可以讓香檳產生完全不同的口感。根據添加的糖分多寡可分為完全無添加糖（nature 或 nondosé）、超級不甜（extra-brut）、不甜（brut）、微甜（sec）、半甜（demi-sec）、濃甜（doux）。前三個等級的香檳喝起來相當爽口、充滿自己的個性，適合做為開胃酒；後三個等級因為甜味明顯，可以代替甜白酒來搭配甜點。

品牌或生產者？

香檳區是一個以品牌主導的地區，有許多名聲響亮的大品牌將香檳行銷到世界各地，隨時隨地提供品質穩定良好的香檳給消費者。為了應付龐大的需求，香檳酒廠大多得向不同的葡萄農大量購買葡萄。但是某些香檳品牌實在缺少個性，如果想要喝一些讓人印象深刻或物美價廉的香檳，得從規模較小的香檳酒廠開始尋找。市面上較難找到小酒廠的香檳，理想的狀況是直接預約參觀這些小香檳廠。如果能和一位值得信賴的香檳區酒農交上朋友，肯定會讓你的朋友非常忌妒，因為他們能買的都是既昂貴而且超市就能找到的香檳。

---

* 譯註：由於香檳的名氣太太，多數香檳酒廠已經懶得在酒標寫上法定產區的字樣。

漢斯 Reims

漢斯山區
Montagne de Reims

韋勒河

埃佩爾奈 Épernay

白丘
Côte des Blancs

馬恩河谷
Vallée de la Marne

西棧丘
Côte de Sézanne

特魯瓦 Troyes

巴爾丘 / 跋丘
Côte des Bar

利榭粉紅
Rosé des Riceys

香檳葡萄園

香檳區的香檳？

法國北部的葡萄酒
香檳區是法國最北端的葡萄酒產區，天氣寒冷（每年霜凍超過六十天）、多雨、陽光稀少，且葡萄難以成熟。過去採收的葡萄經常不夠成熟或過酸，但因香檳有氣泡，才能將此弱點轉變為優勢。

秘密武器
在葡萄的甜度不如其他地方生長的葡萄時，就會進行採收，潛在的酒精含量約為 9%。在產生氣泡的第二次發酵過程中，酒窖主人會添加糖。一旦轉變成酒，香檳的酒精濃度將接近其他的葡萄酒：12 至 12.5%。

白堊土
香檳的底土，尤其是在白丘（Côte des Blancs），該區種植最好的夏多內，特色就在於：豐富的白堊土。這為香檳賦予礦物的特性，能締造清脆的口感。有時你甚至可以直接在酒杯中聞到學校粉筆的味道！這種香氣在白中白香檳（blanc de blanc）中非常珍貴，是極其優雅的象徵。

為何香檳這麼貴？

因為葡萄！
大多數香檳來自向葡萄種植者購買葡萄的知名酒莊。因為搶手的產區沒有足夠的葡萄，導致價格上漲！依年份而定，一公斤葡萄的平均價格為 5.50 歐元。而特級酒莊可達 7 歐元。

簡單計算
製作一瓶香檳至少需要 1.2 公斤的葡萄。因此，光是一瓶的葡萄就價值 7 到 8 歐元！還必須再加上玻璃、軟木塞、各種發泡操作和酒窖固定的成本（橫躺靜置十五至三十六個月，而最負盛名的特釀則超過十年）。如果你在超市裡找到十歐元的香檳，那可不是什麼好東西！

酒農香檳
酒農擁有可用來生產香檳的所有葡萄，因此不必透過葡萄市場交易，即使必須付出高昂的土地費用，他仍能以極具吸引力的價格提供優質的特釀。

 例外的粉紅香檳

歐盟禁止將白酒和紅酒混合成粉紅酒，而香檳例外！除了一些少見的「放血」（de saignée）粉紅香檳，亦稱「浸漬」粉紅酒，大多數粉紅香檳是混釀的結果。生產者在釀製香檳的同時，也會用香檳葡萄釀造少量紅酒，並在起泡階段之前，在香檳中加入一小部分（10% 到 15% 之間）的紅酒。如此便可完美地掌控香檳的顏色。

DOM PÉRIGNON
唐·培里儂，香檳之父
(1639-1715)

唐·培里儂（Pierre Pérignon）既非酒農，也非煉金術士，只是一個本篤會的修道士。然而人們普遍認為，他就是香檳的發明者。儘管不完全準確，但他在埃佩爾奈（Épernay，今日的香檳首府）附近的奧特維萊爾（Hautvillers）修道院的工作，使這款酒聞名於世。

唐·培里儂進入奧特維萊爾修道院時年僅三十歲，負責管理酒窖和葡萄園。這間修道院原本就在釀造葡萄酒，只是沒有氣泡，而且品質參差不齊。此外，葡萄園的狀況不佳，地窖和壓榨機已半成廢墟。

在唐·培里儂努力重整這一切時，他想出了一個絕妙的點子：混釀埃佩爾奈周圍不同風土的葡萄。因此，他根據不同年份的特色，充分利用每種酒的品質，盡可能地調製出最和諧的特釀。這種由唐·培里儂開發的葡萄品種與產地葡萄酒的混釀，形成前所未有的優質葡萄酒，而這樣的過程也是今日香檳的基礎之一。然而，這位自學成才的葡萄酒工藝學家，並非著名氣泡的發明者。事實上，當時的香檳酒還不會起泡，或即

使會起泡，也不是出於有意的！起泡在當時甚至被認為是一種缺陷，而培里儂修道士花了很長時間，一直在尋求方法來根除這種違背其意願而冒泡的「魔鬼酒」。

那究竟是什麼原因，使泡沫成為香檳的常態呢？據說唐·培里儂後來於 1670 年前往隆格多克的利穆附近的聖伊萊爾（Saint-Hilaire）修道院朝聖，而那裡的人們已經懂得欣賞酒瓶中的氣泡。他是否在此時也開始懂得欣賞氣泡的美，並放棄與氣泡搏鬥了呢？我們永遠無法得知。但有一件事是肯定的：沒有唐·培里儂，香檳就不會是香檳。

隆格多克-胡西雍 / Languedoc-Roussillon

紅酒與粉紅酒：80%
白酒：20%

無論在葡萄酒產量或葡萄種植面積，隆格多克 - 胡西雍在法國都是排名第一（約佔全國總產量的40%），它的範圍從隆河丘的尼姆（Nîmes）一直延伸幾乎到了西班牙邊境。不論是白酒、紅酒、粉紅酒，各種甜度的葡萄酒在這裡都找得到。

你該知道的事

此區的產量一直以來都凌駕於品質之上，所以當地酒農努力的目標，就是提供消費者充滿魅力與個性的葡萄酒。目前已經有不少表現優異、品質高但價格相對合理的產品，像是利慕產區的白酒，高比耶與聖路峰產區的紅酒，或是廣受消費者信賴與讚賞的天然甜葡萄酒（VDN）。

風味

當你發現此區種植的葡萄品種，與南邊的隆河谷地幾乎相同時，不必太驚訝。你要知道，只有粗獷的卡利濃（carignan）葡萄才能代表隆格多克 - 胡西雍的特色。珍貴的卡利濃「老藤」能夠釀出質樸飽滿、帶礦石風味，讓人驚艷的紅酒。在白酒方面，除了越來越受注目的夏多內，各種白葡萄也能共同調配成口感濃郁飽滿，同時帶有熱帶水果、榛果與白色花卉等香氣的精彩白酒。

法定產區

受土質與海拔影響，來自聖西紐、佛傑爾及密內瓦這三個法定產區的葡萄酒，通常比高比耶、隆格多克及胡西雍丘產區的酒更圓順柔軟，同時也更清爽細緻。其餘產區皆能釀出此地招牌的堅硬酒體，以及令人難忘的香料氣息，例如圍繞在葡萄園周圍的迷迭香、月桂葉和矮灌木。在隆格多克的十七個法定產區，例如克拉普或聖路峰，都可以發現驚喜酒款。然而真正決定葡萄酒品質的還是葡萄酒農。你只需要花一點時間，就會發現這個地區有不少好東西。

天然甜葡萄酒

隆格多克 - 胡西雍生產世界知名的天然甜葡萄酒。以蜜思嘉（muscat）葡萄為主的天然甜白酒（產區包括呂內爾 - 蜜思嘉、米黑瓦 - 蜜思嘉、風替紐 - 蜜思嘉、麗維薩特 - 蜜思嘉）展現了濃郁的香氣與優雅口感；天然甜紅酒（產區包括莫利和班努斯）則有可可、咖啡、甘草、無花果、蜜餞、杏仁與榛果等風味，帶著滑膩飽滿的口感，其複雜度可與優秀的葡萄牙波特酒（Porto）匹敵。

白葡萄品種
夏多內、克萊雷特（clairette）、白格那希（grenache blanc）、布爾朗克（bourboulenc）、皮朴爾（picpoul）、馬姍、胡姍、馬卡貝歐（macabeu）、莫札克（mauzac）、蜜思嘉

紅葡萄品種
卡利濃、希哈、格那希、仙梭（cinsault）、慕維得爾、梅洛

聖路峰 Pic-Saint-Loup •

風替紐 - 蜜思嘉
Muscat de Frontignan •

拉爾扎克階地（梯田）
Terrasses du Larzac •

隆格多克丘
Coteaux du Languedoc •

皮朴爾 Picpoul •

佛傑爾 Faugères •

聖西紐 Saint-Chinian •

克拉普 La Clape •

菲杜 Fitou •

密內瓦 Minervois •

高比耶 Corbières •

卡巴得斯 Cabardès •

馬勒佩爾丘
Côtes de
Malepère •

利慕 Limoux •

胡西雍丘村莊
Côtes du Roussillon
Villages •

莫利 Maury •

麗維薩特 - 蜜思嘉
Muscat de Rivesaltes •

胡西雍丘
Côtes-du-Roussillon •

高麗烏爾 Collioure •

班努斯 Banyuls •

尼姆 Nîmes

亞維農
Avignon

蒙皮立
Montpellier

佩皮尼昂 Perpignan

普羅旺斯 / Provence

粉紅酒：約85%
紅酒：約12%
白酒：約3%

你該知道的事

　　適合假期品飲的葡萄酒，是這裡一直想要傳達的形象。蔚藍的海水、嘹亮的蟬鳴、紫色薰衣草、橄欖與粉紅酒，共同打造出普羅旺斯鮮明的特色。普羅旺斯生產的粉紅酒除了佔全法國產量的一半，同時也是全世界粉紅酒的主要供應來源。然而逐年成長的粉紅酒已經壓縮到其他葡萄酒的生產量，雖然品質毋庸置疑，可惜的是，從此本區清脆爽口的白酒與複雜且具有陳年潛力的紅酒，都被粉紅酒的光芒掩蓋。

法定產區

　　最著名的（也是最普及的）葡萄酒，都來自普羅旺斯丘（côtes-de-provence）。這裡匯集了普羅旺斯四分之三的粉紅酒，跨越了三個省分：瓦爾省、隆河口省和濱海阿爾卑斯省。在瓦華丘（Coteaux Varois）以西，較知名的產區是聖維克多（Sainte-Victoire）；在瓦華丘以東，較知名的產區有：皮埃爾弗（Pierrefeu）、拉隆德（La Londe）和弗雷瑞斯（Fréjus）。艾克斯普羅旺斯丘（Coteaux d'Aix-en-Provence）和瓦華丘的海拔略高，能為葡萄酒帶來清爽感。其他產區的規模都小得多，但卻更受業餘愛酒人的青睞，因為這些葡萄酒具有鮮明的特色。

粉紅酒

　　粉紅酒簡單易飲，充滿草莓、覆盆子、水果糖等濃郁香氣，適合在夏季飲用。因此，許多酒款的風味非常相似，有時可能會讓人感到過度一致而生膩。的確有少數粉紅酒的風味更有層次，且外觀精美，即便夏季已經結束，仍非常適合搭配餐點，例如巴拉克（braquet），它如同邦斗爾（Bandol）的粉紅酒，單寧含量高，也似伯雷（Bellet）的粉紅酒，花香較重。在普羅旺斯的高地，粉紅酒則常帶有野草、薄荷和蒔蘿的香氣。

白酒

　　白酒也能讓人驚豔，有時帶有碘味，且往往清新並帶有花香。尤其是艾克斯普羅旺斯（Aix-en-Provence）附近的巴雷特（Palette）或卡西斯（Cassis），這些產區的混釀口感優雅細緻。伯雷的情況也是如此，侯爾（rolle）葡萄釀製出來的白酒帶有招牌香氣：茴香、八角、椴樹花。

紅酒

　　波 - 普羅旺斯（Baux-de-Provence）的紅酒，幾乎全部採用有機或生物動力法種植，口感強勁厚實，而且需要幾年時間才能形成色澤。伯雷的紅酒完全有機，而黑福兒（folle noire）則可釀製出具礦物味和特殊種類的葡萄酒。至於邦斗爾的紅酒，主要是以濃郁的慕維得爾（mourvèdre）釀製而成，屬於該地區最知名的紅酒，經過十年必要的陳釀後，散發出黑松露、森林地被、桑葚和甘草等風味。

白葡萄品種
侯爾（維門替諾）、白格那希（grenache blanc）、克萊雷特（clairette）、布爾朗克（bourboulenc）、白于尼（ugni blanc）

紅葡萄品種
卡利濃（carignan）、希哈（syrah）、格那希、仙梭（cinsault）、慕維得爾、堤布宏（tibouren）、黑福兒

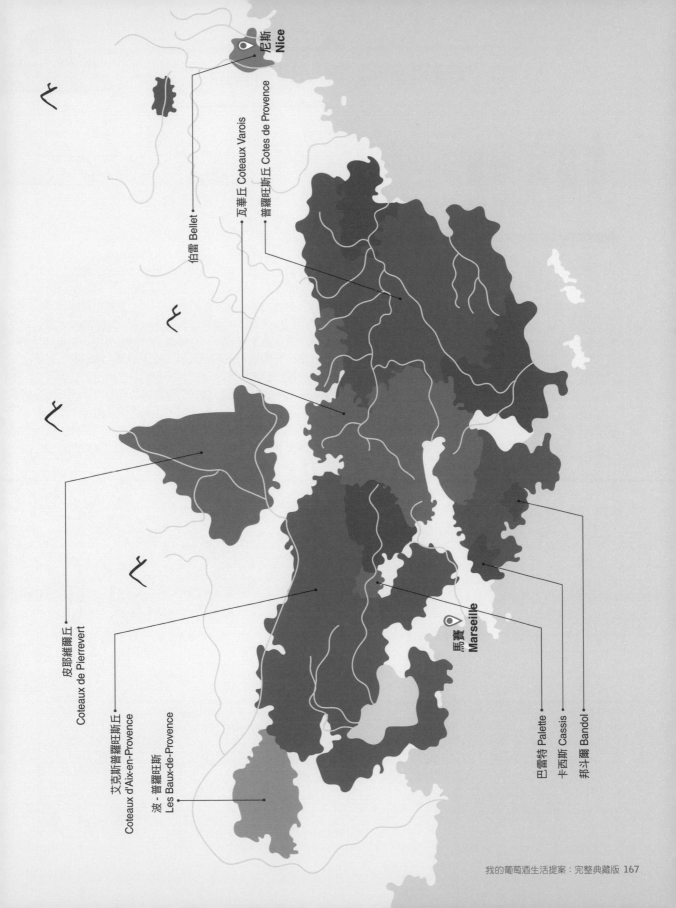

尼斯 Nice

伯雷 Bellet

瓦華丘 Coteaux Varois

普羅旺斯丘 Cotes de Provence

皮耶維爾丘
Coteaux de Pierrevert

艾克斯普羅旺斯丘
Coteaux d'Aix-en-Provence

波 - 普羅旺斯
Les Baux-de-Provence

馬賽
Marseille

巴雷特 Palette

卡西斯 Cassis

邦斗爾 Bandol

科西嘉島 / Corse

粉紅酒：約 45%
紅酒：約 40%
白酒：約 15%

你該知道的事

科西嘉島生產葡萄酒已有約 2500 年歷史，卓越的品質自古以來就備受矚目，在文藝復興時期也相當突出。到了近代，葡萄酒風格依據歐洲大陸的需求已有極大變化，變得通常更著重於數量而非品質。二十世紀中葉，在此區生產的葡萄酒極為平庸，令消費者不屑一顧，因而使葡萄園喪失三分之二的面積。所幸在進入二十一世紀後，科西嘉葡萄酒憑藉獨特的葡萄品種，重新找回身分認同。

法定產區

葡萄園遍布全島，在山與海之間。陽光燦爛、微風和煦、雨季短暫，這裡的氣候適合葡萄生長，但產量主要來自西岸。此產區一半的葡萄酒以餐酒的名義銷售，另一半則以科西嘉葡萄酒（Vin-de-Corse）知名，掛上產區名進行銷售，有時對地區註解得更詳細，例如會註明來自角丘（Coteaux）、菲加利（Figari）、卡勒維（Calvi）、撒甸內（Sartène）、波特維其歐（Porto-Vecchio）、阿加修（Ajaccio）、科西嘉角（Cap Corse）或是科西嘉角丘（Coteaux du Cap Corse），彷彿是環島一周。無論是卡勒維成排的葡萄樹，山丘上令人眼花繚亂的梯田，科西嘉島的景色總是壯麗迷人。

風味

科西嘉島生產的白酒具有細緻的香氣，揉合了新鮮的野生草本香草、灌木與花卉等風味，其輕巧與純粹，絕對值得一試。維門替諾是島上主要的白葡萄品種，阿加修的葡萄礦物味和花香較重，而波特維其歐的葡萄則更富有果味。科西嘉角的蜜思嘉是一種天然甜酒，呈現極為鮮豔的紅色，時而濃烈，因糖分和酸度之間的絕妙平衡而越來越受歡迎。無論是以西亞卡列羅釀製而成，還是像在巴替摩尼歐（patrimonio）產區一樣以涅露秋葡萄製成，其結構都隨著時間而變得越來越複雜。粉紅酒依地理區域而有不同變化，從最清新和果味最重，到最辛辣，有時甚至帶有礦物味的都有，例如阿加修。

白葡萄品種
維門替諾、小粒種蜜思嘉（muscat à petits grains）

紅葡萄品種
涅露秋（nielluccio）、西亞卡列羅（siaccarello）、格那希（grenache）

科西嘉角 - 蜜思嘉
Muscat du Cap Corse

科西嘉角丘
Coteaux du Cap Corse

巴替摩尼歐 Patrimonio

⊙ 巴斯提亞 **Bastia**

卡勒維 Vin de Corse Calvi

阿加修 Ajaccio

⊙ 阿加修市
Ajaccio

波特維其歐
Vin de Corse Porto-Vecchio

撒甸內 Vin de Corse Sartène

菲加利 Vin de Corse Figari

法國西南產區

紅酒與粉紅酒：80%
白酒：20%

你該知道的事

法國西南部的葡萄酒產區分布得相當零散偏遠，從波爾多開始一直延伸到巴斯克地區（Pays Basque）。濃郁、熱情、質樸、討喜，是此區葡萄酒的共通特性，讓人眼花繚亂的葡萄品種也反映出當地複雜的土質結構。

物美價廉

本區葡萄酒品質爬升的速度比價格快得多，所以這裡有很多物美價廉的酒款等著消費者來挖寶。例如特別誘人的甜白酒，價格仍比波爾多便宜許多：蒙巴季亞克的甜酒經過一個世紀的過於甜膩後，終於恢復了該有的酸度；居宏頌法定產區的名聲持續攀升；維克 - 畢勒 - 巴歇漢克生產的酒儘管價格十分便宜，複雜度與美味卻不容忽視。此區的不甜白酒價格也十分親民。紅酒方面，不論是口感柔順或適合陳年的好酒，價格都很實在。馬第宏產區除了某些明星城堡的酒價貴得離譜，其他具有陳年潛力的酒莊紅酒價格就合理多了。

葡萄品種

在紅酒方面，貝傑哈克與馬蒙地兩個法定產區因為臨近波爾多，所以和波爾多同樣使用卡本內蘇維濃與梅洛兩種葡萄。在卡歐，馬爾貝克是此區的王者。弗隆東（Fronton）產區使用當地特有的內格瑞特（négrette）葡萄，而馬第宏則使用濃郁的塔那（tannat）葡萄。釀造白酒所使用的葡萄品種也同樣讓人眼花繚亂，從北邊經典波爾多風格的白蘇維濃與榭密雍，一直到南邊有點奇特的小蒙仙（petit manseng）與大蒙仙（gros manseng）都有。

風味

土壤的組成成分會直接反映在葡萄酒上。因臨近波爾多，葡萄酒的風味也相似，或許還多了些敦厚。當樹藤越深入土壤，葡萄酒的風味就越結實豐厚，帶著更多辛香料氣息與複雜的口感。卡歐的葡萄酒有豐富的巧克力、可可與杏仁糖氣味；依蘆雷姬的酒則有野花與森林的香氣；弗隆東的內格瑞特葡萄則帶著經典的紫羅蘭香味。

陳年

弗隆東與加雅克的葡萄酒較適合在年輕時飲用；馬第宏及卡歐的紅酒則需要多一點時間，讓特別堅硬與強烈的單寧變得柔軟，經過十到二十年的成熟之後，它們的表現總是令人讚嘆。

白葡萄品種
白蘇維濃、榭密雍、蜜思卡岱勒（muscadelle）、莫札克、古爾布（courbu）、小蒙仙、大蒙仙

紅葡萄品種
卡本內蘇維濃、卡本內弗朗、梅洛、馬爾貝克、塔那、內格瑞特、費爾塞瓦都（fer servadou）

貝傑哈克 Bergerac

貝夏蒙 Pécharmant

蒙巴季亞克 Monbazillac

侯塞特 Rosette

貝傑哈克 Bergerac

昂特萊格杜菲
Vins d'Entraygues et du Fel

艾斯坦
Vins d'Estaing

蒙塔維爾 Montravel

卡歐 Cahors

蘇西涅克 Saussignac

拉維迪歐 Lavilledieu

都哈斯丘
Côtes de Duras

奎西丘
Coteaux du
Quercy

馬蒙地 Marmandais

馬西雅克
Marcillac

布列 Buzet

布里瓦 Brulhois

聖蒙丘
Côtes de Saint-Mont

圖爾松 Tursan

巴約納 Bayonne

土魯斯
Toulouse

米由丘
Côtes de Millau

貝亞
Béarn

塔布 Tarbes

加雅克 Gaillac

弗隆東丘
Cotes du Frontonais

居宏頌
Jurançon

馬第宏 Madiran

依蘆雷姬
Irouléguy

維克 - 畢勒 - 巴歇漢克
Pacherenc du Vic-Bilh

多爾河

加龍河

羅亞爾河谷地 / Vallée de la Loire

白酒：55%
紅酒與粉紅酒：45%

你該知道的事

羅亞爾河谷是法國占地範圍最廣的葡萄酒產區，從靠近大西洋岸邊的南特市，一直延伸到東邊的奧爾良（Orléans）與布爾吉（Bourges）。此產區生產各種類型的葡萄酒：白酒、紅酒、粉紅酒、甜酒與氣泡酒。許多年輕酒農來此發展，讓我們可以在此區品嚐到各種類型、各種價位的精緻葡萄酒。羅亞爾河可劃分為四大產區：南特地方、安茹、都漢與羅亞爾中央區，每區皆各有特色。

四大產區

這裡有大大小小的葡萄園，法定產區數量非常多，只是沒有分等級。每個法定產區釀出來的葡萄酒風味截然不同，每區也都有各自適合的葡萄品種。

南特地方

這裡是蜜思卡得（muscadet）的天堂，此款酒以其葡萄品種得名，又稱勃根地香瓜（melon de Bourgogne）。從前人們嫌它口感平淡，現在釀造技術改進之後，為此地注入全新的活力。指定法定產區生產的蜜思卡得非常不甜、酸度很高，優良的品質經得起數年時間考驗，算是最物超所值的開胃酒。此外，在安謝尼丘產區可以找到使用加美葡萄釀造、輕巧活潑的紅酒。

安茹、梭密爾、都漢

此區的葡萄酒架構結實飽滿。以白梢楠為主釀成的白酒，無論甜還是不甜，香氣都濃郁得驚人。不甜的白酒總是價格親民不傷荷包，雖然品質優良，卻沒有太多人認識，讓人為它抱屈。至於甜白酒經過數十年的陳放，將展現無與倫比的白色花香、蜂蜜、榅桲等複雜香氣。當然，此區的白梢楠也能釀造細緻的氣泡酒。

以卡本內弗朗釀造的紅酒可以陳放二至十年，經常帶著覆盆子與草莓香氣，口感新鮮、圓順易飲，不難在巴黎小酒館的餐桌上見到它。來到此區也可以找一些以加美釀造、更簡單順口的紅酒來喝喝。但是標上「rosés d'Anjou」的粉紅酒則有點過甜，適合年輕的入門者。

羅亞爾中央區

白蘇維濃是此區的王者，如果你在都漢發現了不錯的白蘇維濃，一定也是從這裡來的。尤其是松塞爾的白酒，青草嫩芽、檸檬、葡萄柚等濃郁的香氣令人印象深刻，讓它在全世界享有盛名。不過此區的價格早已隨著名氣水漲船高，若想買到價格實惠的葡萄酒，得往附近的產區如蒙內都-沙隆或乎利尋找了。此區的紅酒與勃根地相同，都是以黑皮諾為主，柔順富果香，可以拿來搭配魚肉料理。

白葡萄品種
勃根地香瓜、白梢楠、白蘇維濃、夏多內

紅葡萄品種
卡本內弗朗、加美、黑皮諾

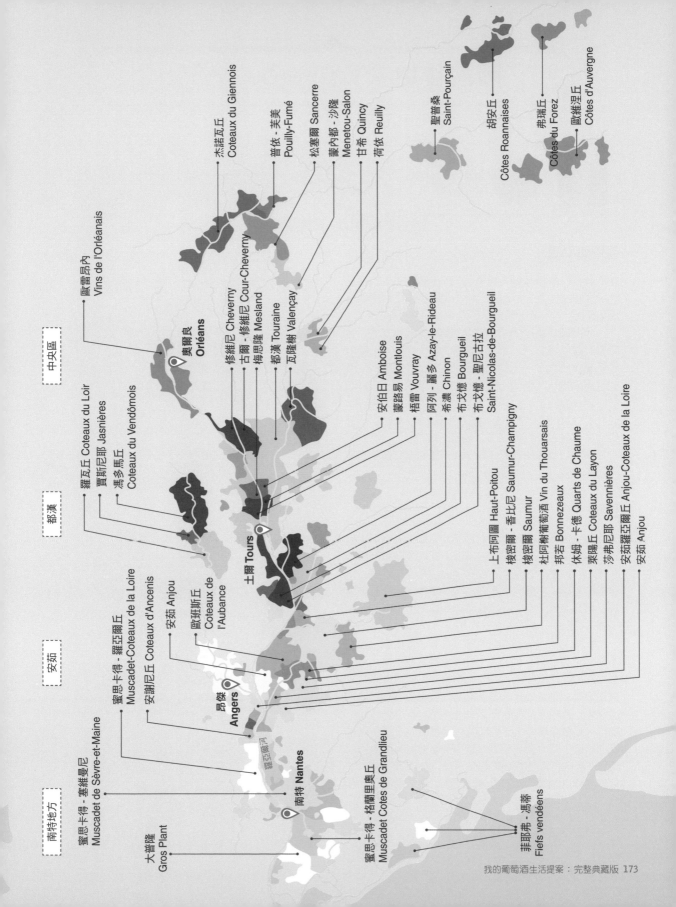

中央區

南特地方

都漢

安茹

杰諾瓦丘 Coteaux du Giennois
普依 - 芙美 Pouilly-Fumé
松塞爾 Sancerre
蒙內都 - 沙隆 Menetou-Salon
甘希 Quincy
荷依 Reuilly
聖普桑 Saint-Pourçain
胡安丘 Côtes Roannaises
弗瑞丘 Côtes du Forez
歐維涅丘 Côtes d'Auvergne

奧雷昂內 Vins de l'Orléanais
奧爾良 Orléans

修維尼 Cheverny
古爾 - 修維尼 Cour-Cheverny
梅思隆 Mesland
都漢 Touraine
瓦隆榭 Valençay

安伯日 Amboise
蒙路易 Montlouis
梧雷 Vouvray
阿列 - 麗多 Azay-le-Rideau
希濃 Chinon
布戈億 Bourgueil
布戈億 - 聖尼古拉 Saint-Nicolas-de-Bourgueil

羅瓦丘 Coteaux du Loir
賈斯尼耶 Jasnières
馮多馬丘 Coteaux du Vendômois

土爾 Tours

蜜思卡得 - 羅亞爾丘 Muscadet-Coteaux de la Loire
安謝尼丘 Coteaux d'Ancenis
安茹 Anjou
歐班斯丘 Coteaux de l'Aubance

上布阿圖 Haut-Poitou
梭密爾 - 香比尼 Saumur-Champigny
梭密爾 Saumur
杜阿榭葡萄酒 Vin du Thouarsais
邦若 Bonnezeaux
休姆 - 卡德 Quarts de Chaume
萊陽丘 Coteaux du Layon
沙弗尼耶 Savennières
安茹羅亞爾丘 Anjou-Coteaux de la Loire
安茹 Anjou

昂傑 Angers

蜜思卡得 - 塞維曼尼 Muscadet de Sèvre-et-Maine

大普隆 Gros Plant

南特 Nantes

羅亞爾河

蜜思卡得 - 格蘭里奧丘 Muscadet Cotes de Grandlieu

菲耶弗 - 馮蒂 Fiefs vendéens

隆河谷地 / Vallée du Rhône

紅酒與粉紅酒：90%
白酒：10%

產區與品種

隆河谷地的葡萄園可劃分成南北兩區：以瓦朗斯（Valence）為分界點，以北為北隆河區，以南稱為南隆河。

北隆河生產以希哈品種葡萄單獨釀造的紅酒，白酒則以維歐涅為主、馬姍和胡姍為輔。南隆河出產的酒則混合相當多不同的葡萄品種，例如教皇新堡出產的紅酒就混合了多達十三種葡萄。除了白酒、粉紅酒與紅酒，我們還可以在隆河谷地找到天然甜葡萄酒：天然甜白酒以蜜思嘉釀造（產區：威尼斯 - 彭姆），天然甜紅酒則以格那希為主（產區：哈斯多）。此區也可以品嚐到以蜜思嘉與克萊雷特兩種葡萄釀造的克萊雷特氣泡酒（Clairette de Die）。

風味

在北隆河地區，以希哈釀造的紅酒通常帶著胡椒與黑醋栗的香氣，口感較為強勁，單寧感較重但卻不失高雅。此地紅酒在年輕時單寧相當緊澀，需要數年時間來柔化。南隆河的葡萄酒也同樣強勁，甚至更濃烈，混合了格那希之後則會變得較圓潤優雅一些。價格通常不低。

在南北兩大陣營中，有幾個超級明星產區，像是北部的羅第丘與艾米達吉，南部的教皇新堡等。至於白酒部分，北隆河的白酒品質優異，尤其是恭得里奧與格里業堡兩處法定產區的白酒，擁有全世界最濃郁的香氣：維歐涅葡萄賦予它花香、奶油與杏桃的獨特風味。相較之下，南隆河的白酒質量參差不齊：表現好的時候，可以聞到蜂蠟、洋甘菊與細緻的草本香草氣息；但要是遇上過熱的年份，口感就會變得肥膩。

同樣的情形也發生在粉紅酒上，例如塔維勒生產的著名粉紅酒，只要戒掉厚重的酒體，喝起來便十分可口。價格也通常較便宜。最後，請注意酒精濃度！此區濃度超過 15% 的葡萄酒可不少，酒精與單寧被圓潤厚實的酒體包裹隱藏得很好，讓人一不小心就喝得很快……也醉得很快！

隆河谷村

除了大規模的葡萄園產區之外，此區還有 20 個葡萄酒公社，以生產高品質且具獨特個性的葡萄酒而聞名。

白葡萄品種
維歐涅、馬姍、胡姍、克萊雷特、布爾朗克（bourboulenc）、皮朴爾（picpoul）、白格那希、白于尼

紅葡萄品種
希哈、格那希、慕維得爾、卡利濃、仙梭、古諾斯（counoise）、瓦卡黑斯（vaccarèse）

羅第丘 Cote-Rotie
恭得里奧 Condrieu
格里業堡 Chateau-Grillet

北隆河

聖喬瑟夫
Saint-Joseph

艾米達吉 Hermitage

克羅茲 - 艾米達吉
Crozes-Hermitage

高納斯 Cornas
聖佩雷
Saint-Péray

瓦朗斯 Valence

迪 - 克萊雷特
Clairette de Die

南隆河

維瓦瑞丘
Côtes du Vivarais

格里尼昂 - 雷 - 阿德馬爾
Grignan-les-Adhemar

隆河丘村莊
Côtes-du-Rhône-Villages

凡索伯 Vinsobres

給漢 Cairanne

哈斯多 Rasteau

吉恭達斯 Gigondas

威尼斯 - 彭姆
Beaumes-de-Venise

瓦給雅斯 Vacqueyras

馮度丘 Côtes du Ventoux

教皇新堡
Chateauneuf-du-Pape

奧朗日
Orange

里哈克 Lirac
塔維勒 Tavel
貝勒加德 - 克萊雷特
Clairette de Bellegarde

尼姆 Nîmes

尼姆丘
Costières
de Nîmes

亞維農
Avignon

呂貝宏丘
Côtes du Luberon

法國其他地區

布傑 ·······
歐維涅 ·······

洛林
侏羅
薩瓦

侏羅

侏羅區的葡萄酒有股神聖難以模仿的特質，最著名的莫過於氧化培養數年、散發著堅果香氣的黃酒（vin jaune）。此外也有使用夏多內與莎瓦涅（savagnin）兩種葡萄釀製（單獨或混釀）、結合了細緻花香與濃郁辛香料風味的經典白酒。

> **白葡萄品種**
> 夏多內、莎瓦涅
>
> **紅葡萄品種**
> 普沙、土梭（trousseau）、黑皮諾

布傑

地處侏羅、薩瓦與勃根地三區交疊處，氣泡酒、白酒、粉紅酒與紅酒皆有生產。其中以蒙得斯（mondeuse）、黑皮諾、加美與侏羅產區的普沙（poulsard）等品種混釀的紅酒，更能看出其深受上述三地的影響。儘管如此，它仍是一款口感強勁、充滿個性的好酒。

洛林

以圖爾生產的淡粉紅酒（gris de Toul）*著稱，在摩塞爾（Moselle）也生產風格接近阿爾薩斯的白酒。

* 法文的灰色（gris）在這裡指的是淡紅色，來自壓榨葡萄時短暫地從葡萄皮釋出的顏色。

歐維涅

經常被認為是羅亞爾河流域的一部分，此地種植的黑皮諾與加美葡萄最令人感興趣。在聖普爾桑（Saint-Pourçain-sur-Sioule）與歐維涅丘（Côtes d'Auvergne）兩地皆有清爽、富果味的紅酒，受到土壤或酒農技術影響，偶爾會有較結實的酒體出現。侯安丘（Côte Roannaise）同樣也有釀造果味奔放的紅酒與粉紅酒。

薩瓦

薩瓦區出產的白酒酸度相當高，搭配當地名菜乳酪風度鍋卻十分契合；以貝傑宏（bergeron，胡姍在薩瓦區的別名）釀造的白酒則口感圓潤，與魚肉料理是絕配。紅酒具有野生莓果、胡椒、濕土等氣味，開瓶前最好多給它幾年的時間在酒窖裡熟化。

> **白葡萄品種**
> 阿爾迪斯（altesse）、阿里哥蝶、夏思拉（chasselas）、貝傑宏（胡姍）
>
> **紅葡萄品種**
> 蒙得斯、加美、黑皮諾

洛林 Lorraine

侏羅 Jura

布傑 Bugey

歐維涅
Auvergne

薩瓦 Savoie

義大利

義大利與法國一樣，擁有多樣、複雜、引人入勝的葡萄園，總是能讓葡萄酒愛好者驚喜連連。若說 1980 年代的義大利葡萄酒給世人的印象是價格不高又精巧迷人，那麼現在的義大利又重新登上精品酒業的榜單。如同那些充滿果香味、兼具強勁與細緻酒體、富有魅力的義大利紅酒，此地的氣泡酒也相當優秀。總而言之，義大利有各種風味和等級的葡萄酒，供全世界的品飲者選擇。

複雜多樣的風土條件

風格多樣的葡萄酒來自於變化無窮的地形與氣候；北部的石灰土和南部的火山土，也讓地處山坡的葡萄園受益良多。

為數眾多、遍佈全國各地的原生品種葡萄，同樣影響了義大利酒的風格：在義大利估計有超過一千種葡萄，其中約有四百種被允許用來釀酒，由此可見義大利的土地多樣性絕對不輸法國。但如此一來，錯綜複雜的法定產區經常連義大利人自己都搞不太清楚，更別說某些生產者的名稱有時比法定產區更重要了。

重要產區

義大利幾乎到處都有生產葡萄酒，每年都與法國上演冠軍爭奪戰，看誰能得到葡萄酒產量與外銷量世界第一的名次。

西北部

倫巴底地區、皮埃蒙特及奧斯塔谷地出產結構堅實的紅酒，其中最知名的就屬「酒王」巴羅洛（barolo）與「酒后」巴巴瑞斯科（barbaresco），兩者皆以單一葡萄品種內比歐露（nebbiolo）釀造而成，也同樣展現了強大的單寧與濃郁複雜的香氣（皮革、菸草、瀝青焦油、黑李、玫瑰花等）。若不想品嚐這麼重的單寧，除非能找到陳年超過十五年以上的葡萄酒，當然，老酒的價格可不便宜。巴貝拉（barbera）是此區名氣較小但種植更廣泛的葡萄品種，具有較高的酸度和柔軟的單寧；多切托（dolcetto）釀造的紅酒則帶有充沛果味與苦甜參半口感。

東北部

唯內多、弗里尤利與鐵恩提諾等產區，以生產輕盈優雅、簡單、適合作開胃酒與搭配輕淡菜餚的白酒聞名。除此之外，最有名氣的應該就是新鮮與活潑都不輸法國香檳的普羅賽柯氣泡酒（prosecco）。而同樣來自附近的瓦波利切拉（Valpolicella）產區則以生產較輕淡的紅酒著稱。

中部

托斯卡尼葡萄酒產量佔全義大利第一，這裡是桑嬌維賽（sangiovese）品種的天堂，品質不斷提升的奇揚地（Chianti）產區也因此種葡萄釀的酒而享有盛名。此區的葡萄酒與茄汁料理是最佳良伴，不過大部分的愛好者還是偏愛 brunello di montalcino 與 vino nobile di montepulciano 生產、架構嚴謹且帶有更多水果風味的紅酒。此區還有一種稱為「超級托斯卡尼」的葡萄酒，以法國波爾多葡萄（梅洛或卡本內蘇維濃）為底，加入義大利葡萄一起釀製，可惜價格也不是普通的高。

南部

這裡有許多超值好酒，價格不貴，當地特有的葡萄品種更表現出在地酒款的稀有風格。帶有胡椒風味的 primitivo、帶有杏仁香氣的 aglianico，再加上 negroamaro 及 nero d'avola 等品種，皆可釀造出品質優良的紅酒。白酒的表現優雅迷人，口感從不甜到甜都有。最後別忘了還有產自西西里島、大名鼎鼎的瑪莎拉酒（Marsala）。

鐵恩提諾 - 上阿迪傑
Trentino-Alto Adige

倫巴底 Lombardia

西北部

奧斯塔
Aosta

杜林
Torino

維洛納 **Verona**

東北部

弗里尤利
Friuli-Venezia Giulia

唯內多 Veneto

威尼斯 **Venezia**

皮埃蒙特
Piemonte

利古里亞
Ligurie

熱那亞 **Genova**

艾米利亞 - 羅曼尼亞
Emilia-Romagna

托斯卡尼
Toscana

馬凱 Marche

中部

溫布利亞
Umbria

阿布魯佐 Abruzzo

莫利塞 Molise

普利亞 Puglia

羅馬 **Roma**

拉齊奧
Lazio

巴里 **Barl**

薩丁尼亞島

坎帕尼亞
Campania

那不勒斯 **Napoli**

巴西利卡塔
Basilicata

南部

卡拉布里亞
Calabria

西西里島

西班牙

西班牙是全世界第三大葡萄酒生產國,其外銷量也是世界第三(2012 年統計)。西班牙酒能在全世界銷售得如此成功,是因為他們懂得釀造各種類型的葡萄酒,從清淡易飲到深邃迷人、從簡單質樸到高貴知名的酒款皆有佳作。比起其他國家,西班牙的中價位葡萄酒有更多的果香與更圓滑醇厚的酒體,給人親切、愉悅、歡樂的印象,人們之所以愛喝西班牙葡萄酒,正是為了追求享受這樣的氣氛。

東北部

佩內得斯

此區生產圓潤強勁的白酒和濃郁的紅酒,但最令人耳熟能詳的是這裡的特產:卡瓦氣泡酒(cava)。卡瓦氣泡酒的生產程序仿效法國香檳(瓶中二次發酵),技術越釀越好,價格依然相當划算。享用的時機也與香檳一樣,無論是慶祝或當作開胃酒,或單純打發悠閒的時光都非常適合。

普里奧拉

此區生產的葡萄酒彷彿在諂媚重口味的葡萄酒愛好者一般,嚐起來幾乎都是超級濃郁、香氣熟美、酒體緊緻又可長時間保存,它的價格也隨著它的聲望在國際上水漲船高。

那瓦拉

那瓦拉葡萄酒的風格一直都很接近它的鄰居利奧哈葡萄酒:充滿果香、單寧滑順。事實上,那瓦拉的酒變化多端,我們可以在此區發現許多西班牙葡萄品種與國際主流品種,如此釀出來酒當然風格多元,從清脆爽口的白酒到橡木桶陳年的高級紅酒,各種等級都可以品嚐得到。

北部與西北部

里奧哈

傳統的里奧哈酒相當出名,它的招牌特色是圓潤的口感、絲綢般的單寧,還有經典的香草與水果香氣。然而現在依照各個酒莊的風格,也有生產較輕淡或是更濃郁的葡萄酒。其實這裡也有生產一些口感強勁、帶著焦糖榛果風味的白酒。

斗羅河岸

斗羅河岸的葡萄酒是目前西班牙最炙手可熱的酒款之一,原因在於它結實的架構、深不透光的酒色以及口感複雜度。當然,價格也是深不見底。

托羅

比起斗羅河岸,托羅區生產的葡萄酒雖沒那麼複雜,但卻更扎實硬挺,而且相較於前者的高檔價位,此區的價格也比較讓人感興趣。

胡耶達

由此區最具代表性的葡萄品種 verdejo 釀造的白酒,口感清新、帶有明顯酸度和新鮮草本香草的風味。中部與南部

拉曼恰

拉曼恰與巴爾德佩尼亞斯(Valdepeñas)的葡萄酒風格直率簡單、搭著新鮮果味,而且各種顏色都有。附近的曼雀拉(Manchuela)生產的酒體較為複雜,價格也較高。

赫雷斯

神奇雪莉酒的故鄉。與世界上其他的葡萄酒相反,雪莉酒最迷人的地方在於口感非常不甜、乾瘦,而且非常便宜。

白葡萄品種
verdejo、albriño、白蘇維濃、蜜思嘉、
parellada、macabeo、夏多內、
malvisia……等

紅葡萄品種
格那希、田帕尼優（tempranillo）、
carinena、monastrell、
卡本內蘇維濃……等

下海灣區 Rías Baixas

河岸地區 Ribeiro

巴斯克自治區
País Vasco

里奧哈 Rioja
那瓦拉 Navarra

索蒙塔諾 Somontano

巴塞隆納
Barcelona

托羅 Toro
胡耶達 Rueda

佩內得斯
Penedès

普里奧拉
Priorato

塔拉戈納
Tarragona

特拉阿爾塔
Terra Alta

斗羅河岸
Ribera del Duero

馬德里 Madrid

拉曼恰
La Mancha

瓦倫西亞 València

亞利坎提 Alicante

耶克拉 Yecla
胡米利亞 Jumilla

塞維利亞
Sevilla

曼薩尼利亞
Manzanilla

赫雷斯 Jerez

蒙地亞 - 莫里萊斯 Montilla-Moriles

馬拉加 Malaga

德國

白葡萄品種
麗絲玲、米勒土高（müller-thurgau）、希爾瓦那（sylvaner）、灰皮諾（pinot gris/grauburgunder）……等

紅葡萄品種
黑皮諾、dornfelder、blaur portugieser、trollinger……等

中萊茵蘭 Mittelrheinland

阿爾 Ahr

萊茵高 Rheingau
摩澤爾 - 薩爾 - 魯沃 Mosel-Saar-Ruwer
那赫 Nahe

萊茵黑森 Rheinhessen
黑森山道 Hessische Bergstrasse
普法爾茨 Pfalz

符騰堡 Wurttemberg

巴登 Baden

法蘭克福 Frankfurt

美茵茲 Mainz

司徒加特 Stuttgart

德勒斯登 Dresden

薩克森 Sachsen

薩勒 - 溫斯特魯特 Saale-Unstrut

弗蘭肯 Franken

德國葡萄酒

德國的葡萄園分布在十三個地區，全都在氣候較溫暖的中部或南部。其實很少人知道，德國最偉大的白酒除了無與倫比的優雅，同時擁有驚人的酸度與不失均衡的甜度，還能經得起數十年陳年的考驗。不幸的是，也有不少劣質酒品行銷於世界各地。為了避免混淆，德國人選擇了香氣獨特、喜歡嚴苛環境、需要細心照料的麗絲玲葡萄，它釀出來的酒完全反映出產地的土壤特性：幾個最著名的產區有摩澤爾河岸、萊茵高、萊茵黑森和普法爾茲。德國的紅酒則是清爽富果實味。

甜度

德國的白酒大多帶有明顯甜味，依葡萄成熟度和甜度由低到高分成六個等級：一般成熟度（kabinett）、遲摘型（spätlese）、精選型（auslese）、逐粒精選（beerenauslese）、精選貴腐（trockenbeerenauslese）、冰酒（eiswein）。

瑞士和奧地利

瑞士葡萄園

　　瓦萊（Valais）擁有許多稀有的葡萄品種，並生產品質極佳的夏思拉葡萄（chasselas）。這種葡萄品種香氣較淡，佔該國 75% 的葡萄產量。南部提契諾州的「義大利語區」專門生產梅洛。以加美或類似的品種（佳瑪蕾 gamaret 和黑佳拉 garanoir）為基底釀製的紅酒，帶有果醬和野生水果的風味，口感清爽。瑞士葡萄酒通常很貴，而且幾乎所有的產量都由該國吸收，這也是人們很難在瑞士境外找到瑞士葡萄酒的主因。

奧地利葡萄園

　　過去的奧地利以優質的甜酒聞名，至今仍生產美味的微甜葡萄酒。布爾根蘭邦地區出產最好的紅葡萄酒，由席瓦格（zweigelt）製成時顏色較淡，由藍佛朗克（blaufränkisch）製成時呈辛辣味。至於下奧地利，有美妙的麗絲玲和大名鼎鼎的葡萄品種——綠色瓦特林納（grüner veltliner），可釀造出迷人獨特的白酒，有時帶有豌豆的香氣；且依風土不同，有些口感活潑辛辣，有些口感豐富厚實。

白葡萄品種
夏思拉、米勒土高（müller-thurgau）、
小奧銘（petite arvine）、艾米尼（amigne）

紅葡萄品種
黑皮諾、加美、梅洛、小胭脂紅（humagne）、
科娜琳（cornalin）

白葡萄品種
綠色瓦特林納、麗絲玲、白皮諾、夏多內、
灰皮諾、蘇維濃

紅葡萄品種
藍佛朗克、席瓦格、葡萄牙人（blauer portugieser）、
聖羅蘭（saint-laurent）

葡萄牙

波特酒與馬德拉酒

　　葡萄牙能在全球葡萄酒市場參上一腳，絕對是因為他們生產了全世界最著名的加烈甜紅酒：波特酒（Port，或稱 Porto）。波特酒不但充滿陳年潛力，而且總是越陳越香。葡萄牙同時生產了另一種著名的馬德拉甜酒（Madeira），它的煙燻風味比波特酒更濃，口感沒波特酒那麼甜。這兩款甜酒在全世界受歡迎的程度，讓我們幾乎忘了其實葡萄牙也有不錯的紅酒與白酒。

其他葡萄酒

　　綠酒區生產的白酒酸度極高、口感清爽，適合夏日飲用，價格則是驚人地便宜。生產波特酒的斗羅河區，其紅酒口感濃郁、富有果香與辛香料風味；用釀造波特酒的多瑞加（touriga nacional）葡萄釀造出來的不甜紅酒，則充滿樹脂、桑葚和松樹風味。南部的阿連特茹生產的葡萄酒口感更圓潤、多果味，陳年之後更美味。

綠酒區 Vinho Verde

波特港 **Porto**

杜奧 Dão

百拉達 Bairrada

斗羅河區 Vallée du douro

里巴特茹 Ribatejo

里斯本 **Lisboa**

阿連特茹 Alentejo

埃斯特雷馬杜拉 Estremadura

阿爾加維 Algarve

白葡萄品種
loureiro、trajadura、arinto、malvoisie

紅葡萄品種
多瑞加、tinta pinheira、tinta roriz、vinhão

馬德拉 Madeira

希臘

　　希臘葡萄園一直生長在動盪混亂的時代，在中世紀時，希臘葡萄酒曾經是最搶手的物品，可惜從十五世紀到十九世紀中期希臘獨立後，葡萄園逐漸凋零。經過這數十年來的努力，希臘人運用當地原生的三百多種葡萄品種，重新塑造出希臘葡萄酒鮮明獨有的個性。現在我們可以找到種植於火山土壤、帶有純淨礦石風味的白酒。薩摩斯島以蜜思嘉釀造出名的甜酒，伯羅奔尼撒半島的高海拔地區生產濃郁、有陳年潛力的優質紅酒，馬其頓地區也有產不錯的紅酒與粉紅酒。然而，希臘在 2010 年面臨的經濟危機嚴重地影響到當地葡萄酒的銷量，也間接地影響了葡萄的種植。

白葡萄品種
蜜思嘉、savatiano、
assyrtiko、roditis……等

紅葡萄品種
xinomavro、limni、
agiorgitiko……等

馬其頓
Macedonia

伊庇魯斯
Epirus

色薩利
Thessaly

雅典 Athens

伯羅奔尼撒
Peloponnese

薩摩斯島
Samos

羅德島
Rhodes

克里特島
Crete

東歐和高加索

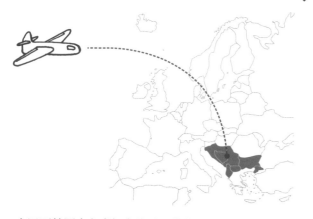

在巴爾幹國家和高加索地區,葡萄酒往往是已有數千年歷史的古老傳統。但政治和經濟的不確定性可能迫使生產者荒廢他們的葡萄園。所幸新的葡萄種植者正開始重建莊園,並以全新的觀點探索被遺忘的葡萄品種。

克羅埃西亞

　　克羅埃西亞共和國以優質的葡萄酒聞名。該國自西元前六世紀以來一直在生產葡萄酒,而且即使共產黨在南斯拉夫時期毀壞了葡萄園,現今的克羅埃西亞仍擁有近 60,000 公頃的葡萄園。這裡具有兩種風土條件。從伊斯特里亞(Istrie)到杜布羅夫尼克(Dubrovnik),以及亞得里亞海(Adriatique)諸島(包括赫瓦爾島 Hvar 和科爾丘拉島 Korcula)等地中海地區,都出產濃郁的優質紅酒,而這些紅酒是由普拉瓦茨馬里(plavac mali)或丁加克(dingac)等本土葡萄品種製成。第二種風土位於克羅埃西亞北部,主要生產白酒,如格拉塞維納(grasevina)。

斯洛維尼亞

　　斯洛維尼亞位於義大利、奧地利和克羅埃西亞之間,甚至在古羅馬時期之前就開始釀葡萄酒,今日成為中歐最繁榮的葡萄酒產區之一。斯洛維尼亞專門生產白酒,擁有許多國際葡萄品種,但也有與著名的弗明(furmint,用來釀製匈牙利的托凱 tokay)相關的錫朋(sipon)等本地品種。也可在這裡找到古老的釀酒技術,尤其是雙耳瓶。

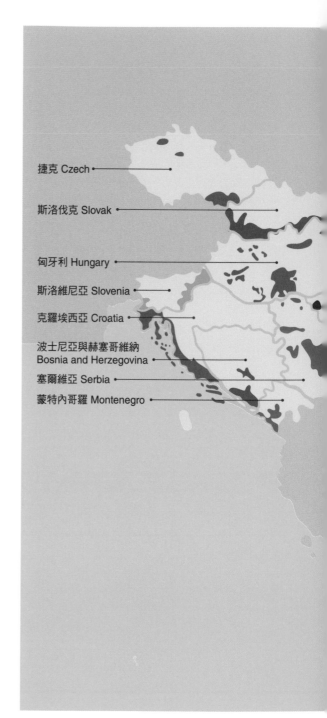

捷克 Czech

斯洛伐克 Slovak

匈牙利 Hungary

斯洛維尼亞 Slovenia

克羅埃西亞 Croatia

波士尼亞與赫塞哥維納
Bosnia and Herzegovina

塞爾維亞 Serbia

蒙特內哥羅 Montenegro

烏克蘭 Ukraine

摩爾多瓦 Moldova

克里米亞 Crimea

羅馬尼亞 Romania

保加利亞 Bulgaria

喬治亞 Georgia

亞美尼亞 Armenia

塞普勒斯 Cyprus

東歐與高加索地區

塞爾維亞

塞爾維亞擁有七萬公頃的葡萄園，包括國際品種和在世界上往往獨一無二的本土品種。一位前總理（2003年至2004年）後來成為了酒農，足可證明該國對葡萄酒的依戀！

斯洛伐克

生產酒體濃郁的白酒，在國際品酒會上越來越受到認可。此外也佔斯洛伐克葡萄園的四分之三。主要有麗絲玲（riesling）、綠色瓦特林納（grüner veltliner）、米勒土高，但也有芳香撲鼻的葡萄品種，例如歐托內蜜思嘉（muscat ottonel）或塔明那（traminer）。氣候不同於西歐，較偏向大陸性氣候，不同季節的溫差較大。

匈牙利

匈牙利的托凱（tokay 或 tokaji）是可陳釀一個世紀的甜酒，帶有蜂蜜的氣味和令人驚豔的餘味，廣受全世界喜愛。但這個國家分布於二十二個葡萄酒產區（托凱地區顯然是最著名的）的土地有十五萬公頃，而這些產區也會生產各種優質的微甜白酒。這些葡萄酒濃郁、辛辣，令人聯想到雪莉酒，很適合搭配油膩和重口味的餐點。在 300 種匈牙利葡萄品種中，最著名的是強勁且偏酸的弗明，以及芳香撲鼻的哈斯萊威路（Hárslevelü）。

塞普勒斯

塞普勒斯位於地中海東部，這個小島精心維護著葡萄園，其葡萄酒享有非凡聲譽。該國最負盛名的是用葡萄乾釀製的甜酒 —— 卡曼達蕾雅（commandaria）。該國的紅酒也不容小覷。

克里米亞

從烏克蘭獨立後，現在屬於俄羅斯的克里米亞，儘管存在著政治紛爭，但還是難以抹煞在葡萄種植方面的優異表現。這個半島生產葡萄酒的歷史已經超越三千年，在身為漂亮酒瓶狂粉的沙皇尼古拉二世統治下，產量更曾顯著激增。步入現代後，生產特別集中在靠近雅爾達（Yalta）的馬桑德拉地區，該區屬於地中海型氣候，有利於生產經常加烈的甜酒，即類似馬德拉的葡萄酒。

喬治亞

一般認為，喬治亞就是葡萄酒的發源地。該國廣受愛酒人士青睞，因其擁有 540 個經認證的葡萄品種，成功地保留了獨特性和多樣性！部分葡萄酒仍依祖傳的方法釀造，這對濃烈橙酒愛好者以及喜歡紅酒中單寧酸和甜味同時呈現的愛酒人士來說，真是天賜的福音。傳統方法為：用土將釀酒用陶瓶（qvevri 或 kvevri，即粘土雙耳瓶）埋至瓶頸，然後填滿壓碎的葡萄。使其在涼爽的地方發酵，整個冬季都保存於在地下。

亞美尼亞

一般認為，亞美尼亞也是葡萄園和葡萄酒的發源地之一，和喬治亞並列。該國最常使用的葡萄品種是黑阿列尼（areni noir，用於紅酒）、奇拉爾（tchilar）和沃士奇（voskehat，用於白酒）。步入現代後，葡萄酒在該國的農業和經濟發展，帶來了重要的貢獻。

知名的葡萄酒款
匈牙利的托凱、塞普勒斯的卡曼達蕾雅、
克羅埃西亞的丁加克、克里米亞的馬桑德拉（massandra）、
喬治亞的陶甕酒（qvevri）

PLINE L'ANCIEN

老普林尼

（西元 23-79 年）

作家兼博物學家老普林尼，將一項非比尋常的文化之寶傳給我們：那就是羅馬時代的葡萄酒文化！多虧了老普林尼，我們得以一窺葡萄和葡萄酒的在古代的真實樣貌。他也是史上第一本葡萄酒百科全書的作者。

這位羅馬學者在去世前幾年，在維蘇威火山爆發期間寫了一本三十七卷的百科全書巨作：《自然史》。第十四冊共有二十二章，內容涉及葡萄酒、不同種類的葡萄、氣候的作用和土壤的性質。他對整個地中海盆地的不同葡萄園進行描述和分類。我們因此了解，義大利坎帕尼亞或西班牙加泰隆尼亞地區的葡萄酒優於隆格多克的葡萄酒，但比不上享譽世界的勒斯博島（Lesbos）和希俄斯島（Chio），以及塞普勒斯或科林斯（Corinthe）的希臘葡萄酒。至少在當時是如此。

不只如此，老普林尼還仔細描繪出一款奇特且優質的葡萄酒：該款葡萄酒由葡萄、蜂蜜、鮮花、樹脂、植物根、灰燼和海水釀造出來，風味與現代葡萄酒截然不同！

他的著作也一再提醒後人，葡萄酒在世界上的普及，正是國家版圖擴張與殖民運動的結果體現。繼希臘人之後，羅馬人將葡萄樹帶到他們軍隊所到之處。這些葡萄跋涉千山萬水，種子在陌生的土壤發芽生根，或是與其他葡萄種結合，造就全新的物種。十六世紀的西班牙軍隊將葡萄樹引進阿根廷、智利和秘魯，而葡萄牙的傳道士也將葡萄樹引進了巴西。但最後，是愛酒人士使用這些葡萄釀造出更優質的葡萄酒，將葡萄酒文化發揚光大。

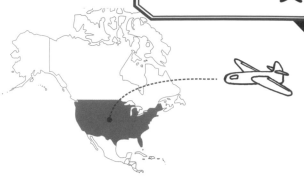

美國

美國是「新世界葡萄酒」的發源地，其風格與歐洲葡萄酒迥然不同：紅酒更甜美，白酒有更多的橡木桶與奶油風味，而且無論紅白酒的果香都更加奔放。

雖然有些人指責這樣的風格太媚俗、太討喜，根本沒有葡萄酒自己的個性與複雜度，然而美國酒的優點是可以隨時享用，而且嚐起來令人愉悅。美國葡萄酒的小奇蹟其實是從 1970 年代末期才開始，如今，優秀的加州葡萄酒價格已能輕而易舉地追上波爾多列級酒莊。對收藏家來說，美國葡萄酒的品質早已毋庸置疑了。

加州

加州是美國最著名的葡萄酒產區，這也反映在加州葡萄酒的產量與品質上。面積狹長的加州從北到南都有葡萄園，氣候也十分適合釀造圓潤富果味的葡萄酒。其中名氣最響亮的產區非那帕谷莫屬，儘管酒價已經不便宜，仍然吸引大批遊客前往朝聖：這可是最熱門的酒莊之旅路線！

卡本內蘇維濃與梅洛是此地的經典，金芬黛（zinfandel）是另一個熱情洋溢、絕對值得好好認識的當地品種。在加州北部，靠近舊金山市的索諾瑪谷，生產了為數眾多但相對較為高雅的紅白酒。

沿著長長的海岸線往南一路走到洛杉磯，沿路上有許多葡萄園分佈在蒙特雷、聖路易斯歐比斯波與聖塔巴巴拉等郡，此處釀造出的酒體架構與價格都更現代，但總是順口易飲。

奧勒岡州與華盛頓州

相較於加州，北邊的奧勒岡州擁有更多風格清新的葡萄酒。此地的黑皮諾雖然比法國勃根地更甜美、更多些草莓風味，卻能同時發展出黑皮諾精緻高雅的一面。要注意的是，奧勒岡葡萄酒產量不大，所以價格並不便宜。

在奧勒岡州更北邊，圍繞著西雅圖市的華盛頓州，葡萄酒產量在全美國排名第二。當地葡萄園多集中在哥倫比亞谷，這裡的酒雖不及奧勒岡那般時髦引人注目，但價格相對划算許多。此地的麗絲玲、榭密雍、白蘇維濃、夏多內、卡本內蘇維濃與梅洛表現皆不俗。

中西部

俄亥俄、密蘇里、密西根，這三個州也有釀造葡萄酒！受限於氣候，這些地方的葡萄酒缺少酸度，不適合陳年。不過因為大量種植了受歡迎的國際葡萄品種，在當地隨處都能發現好喝易飲的年輕葡萄酒。

至於在德州，他們對葡萄酒產業下了一句標語：德州的葡萄酒將會成為未來的一件大事！（Wine, the next big thing from Texas!）

東岸

雖然很難相信，但紐約州確實有生產葡萄酒，而且產量緊追在華盛頓州之後。算一算，目前大概有一百五十家葡萄酒生產商，要和超過一千家葡萄汁生產商搶葡萄。事實上，這裡的葡萄很難完全成熟，常常得再添加糖分，只有不需要太成熟的麗絲玲與夏多內表現較佳。

白葡萄品種
夏多內、白蘇維濃、麗絲玲

紅葡萄品種
梅洛、卡本內蘇維濃、希哈、格那希、金芬黛、黑皮諾、巴貝拉（barbera）

威斯康辛州 Wisconsin

印第安納州 Indiana

俄亥俄州 Ohio

賓州 Pennsylvania

紐約州 New York

紐約市 New York City

維吉尼亞州 Virginia

田納西州 Tennessee

北卡羅來納州 North Carolina

南卡羅來納州 South Carolina

喬治亞州 Georgia

佛羅里達州 Florida

阿拉巴馬州 Alabama

密蘇里州 Missouri

阿肯色州 Arkansas

華盛頓州 Washington

奧勒岡州 Oregon

舊金山 San Francisco

洛杉磯 Los Angeles

加州 California

科羅拉多州 Colorado

亞利桑那州 Arizona

新墨西哥州 New Mexico

德州 Texas

智利

提到物超所值的酒款，很難不聯想到智利葡萄酒。智利葡萄酒多數是入門酒款，但隨開即飲，充滿熱情與辛香料卻不顯得沉重。智利極有可能是未來的葡萄酒明星產區，它擁有絕佳的氣候條件：強烈的日照帶來高溫，來自海洋的冷風會降低溫度與濕度，自安地斯山脈（Andes）襲來的冷空氣則為當地帶來涼爽的夜晚。此地的葡萄園大多有源自山脈的河水灌溉，貫穿而過的河流最後流入太平洋。

葡萄品種

智利種植的葡萄以國際主流品種為主，例如卡本內蘇維濃、梅洛、夏多內。唯一的例外是備受重視的卡門內（carmenere）葡萄，這個幾乎快要絕跡的品種，現在奇蹟似地成為智利高級酒的一分子。

產區

主要產區在聖地牙哥（Santiago）以南的中央谷地，但仍有為數眾多的副產區分散四處，出產風格多樣的葡萄酒。

阿空加瓜 Aconcagua

卡薩布蘭卡 Casablanca

聖地牙哥
Santiago

馬伊波（美堡）Maipo

雷培 Rapel

庫里科 Curicó

毛萊 Maule

伊塔塔 Itata

比奧比奧 Bío-Bío

白葡萄品種
夏多內、白蘇維濃、榭密雍、
torontel

紅葡萄品種
梅洛、卡本內蘇維濃、黑皮諾、
馬爾貝克、希哈、卡門內

阿根廷

與智利相反，阿根廷位於安地斯山脈東側，大部分的葡萄園無法受益於太平洋的涼爽海風。但是生長在高海拔山區、享有最佳日照的葡萄園，還是可以釀出活潑的葡萄酒。一般說來，阿根廷的葡萄酒嚐起來比起智利的更濃郁也更扎實。

葡萄品種

馬爾貝克是阿根廷最有趣也最有名氣的葡萄品種，釀出來的酒成熟度高，風味也相當強勁。另外像是伯納達（bonarda）、梅洛、卡本內蘇維濃和希哈等需要大量陽光的葡萄品種，也都能在此一展長才。相反地，當地的白葡萄除了特別芳香的多倫特斯（torrontés）之外，其他品種皆表現普通。

產區

位於阿根廷中心的門多薩省，為該國主要的葡萄酒產區。另外在南部的巴塔哥尼亞高原（Patagonia），尤其在內格羅河省一帶，也生產了數量龐大的葡萄酒。

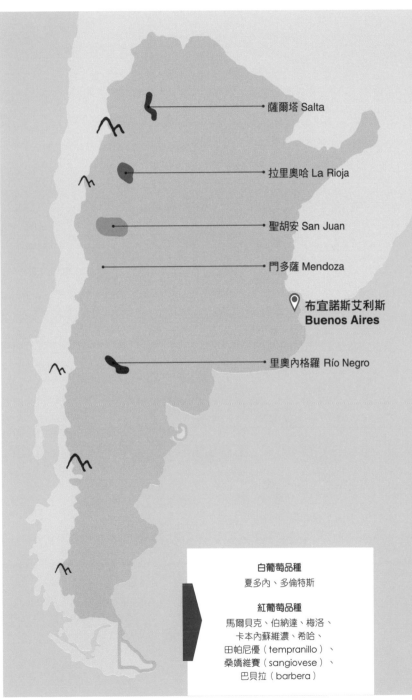

薩爾塔 Salta

拉里奧哈 La Rioja

聖胡安 San Juan

門多薩 Mendoza

布宜諾斯艾利斯 **Buenos Aires**

里奧內格羅 Río Negro

白葡萄品種
夏多內、多倫特斯

紅葡萄品種
馬爾貝克、伯納達、梅洛、
卡本內蘇維濃、希哈、
田帕尼優（tempranillo）、
桑嬌維賽（sangiovese）、
巴貝拉（barbera）

澳洲與紐西蘭

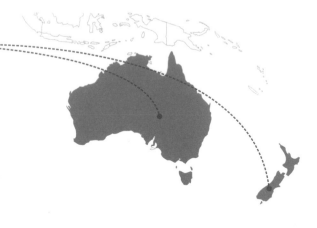

澳洲葡萄酒的先天限制

澳洲葡萄酒的一切都與人力和技術息息相關,他們戰勝惡劣氣候,實現了釀造偉大葡萄酒的壯舉。大約在十八世紀末期,葡萄開始被種植在這片大陸上。我們說不同的土壤及風土條件,造就出不同個性的葡萄酒,然而密集的灌溉、架設防止鳥蟲的帳幔、採收專用的低溫冷藏設備及低溫發酵等技術,才是讓澳洲葡萄酒獲得全世界欽佩的主因。為了馴服惡劣環境而付出的龐大努力總算有了回報,澳洲人釀出了獨樹一格、品質毫不妥協的葡萄酒,在全世界的葡萄酒市場建立起不容忽視的名聲與影響力。

澳洲葡萄園

葡萄藤幾乎都生長在氣候較溫和的西南與東南區,但即使在澳洲最涼爽的地區,葡萄仍然可以輕易達到十分成熟的程度,為了減少這種特性,生產者得付出相當大的努力。澳洲並沒有原生的葡萄品種,當地種植的全都是國際流行品種,也只有希哈(法文原文為 syrah,在澳洲稱 shiraz)在此獲得重生。如今濃郁飽滿、色澤深邃的澳洲希哈葡萄酒已在國際打出名號。然而近年來澳洲乾旱肆虐,已嚴重威脅到當地的葡萄酒產業。

紐西蘭葡萄酒

紐西蘭葡萄酒的名聲因絕美的白蘇維濃而開始響亮起來,這裡生產的白蘇維濃相當清爽活潑,帶著驚人的濃郁香氣,有青檸檬、香蕉甚至百香果的風味,在北島的霍克灣到南島的馬爾堡(紐西蘭最大產區)一帶種植得特別成功。通常白酒占紐西蘭葡萄酒產量的三分之二,除了白蘇維濃,夏多內、麗絲玲、格烏茲塔明那的表現也相當不錯。紐西蘭的另一個寶物是黑皮諾,其釀造出來的酒體十分細緻,接近法國勃根地風格。黑皮諾喜歡涼爽的環境,從南島向北延伸到威靈頓都有不錯的葡萄園。而霍克灣在氣候上比較溫暖些,種植較多的卡本內蘇維濃與梅洛。

白葡萄品種
夏多內、白蘇維濃、樹密雍、麗絲玲、蜜思嘉、蜜思卡岱勒(muscadelle)、白梢楠

紅葡萄品種
希哈、卡本內蘇維濃、黑皮諾

北領地

昆士蘭

西澳洲

南澳洲

新南威爾斯

伯斯 **Perth**

雪梨
Sydney

維多利亞

墨爾本
Melbourne

塔斯馬尼亞

北地 Northland

奧克蘭 Auckland

奧克蘭市
Auckland City

吉斯伯恩 Gisborne

霍克灣 Hawke's Bay

尼爾森 Nelson

馬丁堡 Martinborough ／懷拉拉帕 Wairarapa

威靈頓 **Wellington**

馬爾堡 Marlborough

坎特伯雷 Canterbury

奧塔哥 Otago

南非

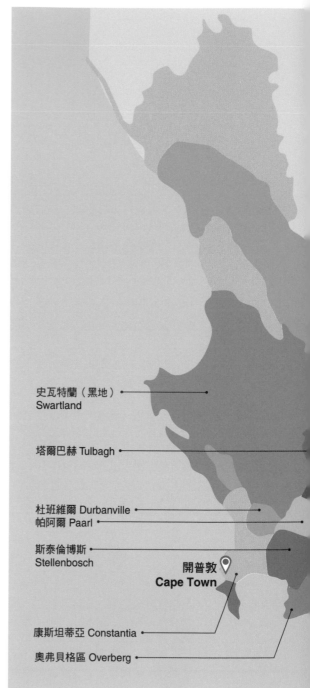

史瓦特蘭（黑地）
Swartland

塔爾巴赫 Tulbagh

杜班維爾 Durbanville
帕阿爾 Paarl

斯泰倫博斯
Stellenbosch

開普敦
Cape Town

康斯坦蒂亞 Constantia

奧弗貝格區 Overberg

葡萄酒的歷史

　　南非生產葡萄酒已經有好長一段時間，拿破崙流亡期間最喜愛 Klein Constantia 酒莊的甜白酒，就是來自南非。不過今日的南非葡萄酒已經和以前不相同了。自 1991 年種族隔離政策結束後，南非的葡萄園再度重生，並且與其他國家重新展開商業關係。

葡萄品種

　　現今南非生產的葡萄酒相當豐富多元，我們可以找到經典的夏多內白酒和卡本內蘇維濃紅酒，而希哈與梅洛的表現也不差。不過南非最具代表性的紅酒，還是來自當地、帶有鮮明果味與野味的葡萄品種皮諾塔吉（pinotage）；在白酒方面，白梢楠的表現令人驚豔。在法國羅亞爾河谷以外的地方，一般很難找到品質理想的白梢楠，然而在南非卻能釀出非常細緻優雅的風格，從不甜到甜的口感都深具魅力。

產區

　　為了讓南非葡萄酒更加突顯出當地的風土特色，年輕的酒農下足了功夫，例如史瓦特蘭省一帶所使用的自然動力農法。受惠於海風，靠近海岸的開普敦（Cape Town）以及周邊鄰近產區也出產不少優質好酒，其中以帕阿爾與斯泰倫博斯兩區近來發展最快。

白葡萄品種
夏多內、白蘇維濃、榭密雍、麗絲玲、
蜜思嘉、白梢楠

紅葡萄品種
卡本內蘇維濃、梅洛、黑皮諾、希哈、
皮諾塔吉、金芬黛（zinfandel）

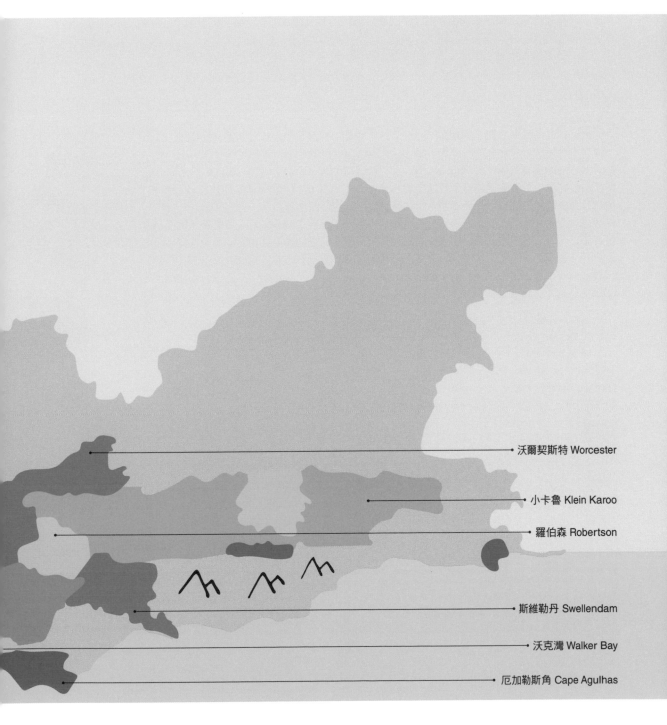

沃爾契斯特 Worcester

小卡魯 Klein Karoo

羅伯森 Robertson

斯維勒丹 Swellendam

沃克灣 Walker Bay

厄加勒斯角 Cape Agulhas

其他地區

葡萄園的風景不斷在地表上蔓延，除了原產葡萄酒的古老國家，新興國家的葡萄園也逐漸嶄露頭角。毫無疑問地，這三十年間，世界葡萄酒的版圖已經改變不少。不斷精進的葡萄種植技術，讓這些全新的葡萄園能夠在世界上任何地方紮根。傳統產酒國家開始另眼看待這些新競爭者，尤其是在國際競賽上，他們往往會爆發驚人的品質與活力。

英國：或許是全球暖化的緣故，也可能是密集勞力或尖端技術的使用，使得英國的葡萄越來越能達到該有的成熟度，並且釀造出像樣的葡萄酒。無論如何，最讓人期待的還是產自沿海白堊土質的氣泡酒。

中東地區：黎巴嫩的葡萄酒在國際上素有盛名，而且蒸蒸日上。此地的釀酒歷史最早可以追溯到三千年前的腓尼基人，後來羅馬人在貝卡平原（Bekaa）上建了一座神廟獻給酒神，現在多數酒廠也都集中在貝卡河谷。Châteaux Ksara、Kefraya、Musar幾家知名酒莊釀造的優質紅酒帶有辛香料與巧克力風味，白酒則飽滿集中、香氣濃郁。除了這些經典酒廠，過去二十年間約有四十多家新銳酒莊相繼投入釀酒事業，展現出強大的活力。

人們常會忘記黎巴嫩周圍的國家也有生產葡萄酒，像是**以色列**、**敘利亞**，甚至遠一點的阿富汗，只希望這些國家的葡萄酒產業不會受到戰爭的影響而停擺。另外，在**埃及**也有出產些像愛馬仕的「尼羅河花園」淡香水那般出色的葡萄酒。

北非：在馬格里布*，釀酒早已是傳統的一部分。摩洛哥生產的粉紅酒和帶有辛香料風味的紅酒，都很適合在餐桌上與美食佳餚一同品嚐。

中國：葡萄酒的生產和消費正大幅增長。就葡萄園的面積而言，中國已是世界上第二大國，很快就會成為第一大葡萄酒生產國！中國葡萄種植面積相當廣大，種植緯度大致與地中海區相同，但土壤和氣候卻相當多樣化。中國聘請了許多海外專家協助完善葡萄酒品質，同時也積極培訓國內的葡萄酒專業人士。

日本：葡萄酒產量非常有限，但品質卓越，主要產自於東京西南部的富士山葡萄酒產區。最著名的葡萄品種是甲州，可釀造出純淨細緻的白酒。

印度：處於劣勢的熱帶氣候的印度，卻展現出驚人的實力。印度正運用現代科技技術，迅速增加其產量。直至今日，已有超過五十家生產商分佈於三個重要葡萄酒產區：馬哈拉施特拉邦（Maharashtra）的納西克（Nashik）和桑格利（Sangli），以及卡納塔克邦（Karnataka）的班加羅爾（Bangalore）。資金雄厚的酒莊能聘請到世界頂尖的釀酒師來釀出卓越品質的好酒。

英國
United Kingdom

突尼西亞
Turnisia

摩洛哥
Morocco

阿爾及利亞
Algeria

---

* 馬格里布（Maghreb）：摩洛哥、阿爾及利亞、突尼西亞三國的代稱。

敘利亞 Syria
黎巴嫩 Lebanon
以色列 Israel

埃及 Egypt

日本 Japan

阿富汗 Afghanistan

中國 China

印度 India

葡萄酒的歷史

幾個世紀以來，葡萄酒因應不同的文化和文明，一直呈現不同的樣貌。時而神聖，時而對宗教不敬；時而尊貴非凡，時而隨處可見。無論是年輕或陳年的葡萄酒，無論是身份普通或來自特級園的葡萄酒，都可上桌，且都能夠被人們喜愛。在許多國家的歷史中，葡萄酒都留下了深刻的影響。但，它究竟是怎麼出現的？

葡萄酒誕生於何時、何地？

雖然無法百分之百斷定，但普遍推測，葡萄酒是誕生在高加索地區！根據考古資料，遠在舊石器時代，我們的祖先可能就在飲用發酵飲料了。當時的人類還不懂得種植葡萄樹，但或許會使用野生葡萄來製造果汁，並讓葡萄汁自然發酵。無論如何，早在一萬一千年前的考古遺跡中，就已經發現了陳年的葡萄籽。

最古老的葡萄酒出土遺跡，則可追溯至七千多年前。考古學家在伊朗發現了疑似葡萄酒的器皿沉澱物。同一時期（西元前五千年）在喬治亞地區的瓦罐上，也發現了類似的遺跡。

經過考古學家的努力發現，西元前 4100 年的亞美尼亞地區，也出現了複雜的葡萄酒釀酒術。而這個地區，至今仍以生產葡萄酒聞名。

雖然我們難以確切斷定，葡萄酒的飲用，究竟哪個地區最早開始的，但可以確定的是，「葡萄釀酒發源地」就是位於喬治亞、亞美尼亞和伊朗之間的高加索地區。

勃根地鼓掌

「勃根地鼓掌」是勃根地地區的一種民間文化，又稱「頌歌」，但尚未受到法國官方的文化認證。它是一種通俗的旋律，以五個音符演奏，除了「啦啦，啦啦，啦啦啦啦啦啦」以外沒有任何歌詞。再搭配簡單的舞蹈：將雙手高舉至臉部，轉手（就像木偶一樣，或更確切地說，就像在模仿杯中的葡萄酒旋轉的姿態），接著鼓掌（九次）。勃根地鼓掌於 1905 年誕生於第戎的一間酒吧，一開始只有少數人跟進，後來在 1945 年的葡萄節期間又再度流行起來，在整個勃根地地區迅速走紅。現在，勃根地人在喝葡萄酒前、向葡萄酒致敬時，或是任何值得歡慶的節日場合，都會唱這首歌。

葡萄酒頌歌

在各種節慶儀式中，人們喜歡享用美食和高歌。因此，葡萄酒經常出現在民歌中。聽到品酒人的歡唱，對於釀酒人而言，更是一種榮譽勳章。以下介紹一些常見的葡萄酒頌歌。

＜圓桌武士＞

註：這是一首源自十八世紀，因勃根地品酒騎士協會（*Confrérie bourguignonne du Tastevin*）而普及的傳統歌曲。

圓桌武士啊，
嚐嚐看酒好不好喝。
（副歌）
嚐嚐看，好，好，好，
嚐嚐看，不，不，不，
嚐嚐看酒好不好喝。
（重奏）
如果酒很好喝，令人心情愉悅，
我會喝到開心為止。
（副歌）
如果還剩下幾滴，
這是用來讓我們恢復活力的。
（副歌）
如果我死了，我想被埋在……
有好酒的地窖裡。
（……）

＜酒農你來了！＞

註：這是一首瑞士傳統歌曲。

酒農來到他的葡萄園
酒農你在哪？
酒農來到他的葡萄園
從水邊到天空一望無際。

我們先看到他的舊帽子
那不是一頂遮陽帽
看起來更像隻烏鴉
棲息在樹枝上
酒農你在哪？
（重奏）
接著我們看到他的鋤
這不是女孩用的鋤
更像是犁
在山的一側
酒農你在哪？
（重奏）
（……）

＜芳尚＞

註：這是一首十八世紀流行歌曲，有時會搭配勃根地鼓掌一同唱。

朋友們，我們需要休息一下，
我看到軟木塞的影子，
讓我們為親切的芳尚乾杯，
讓我們為她唱首歌吧。
（副歌）
噢！她的談話多麼甜美，
她多麼值得頌揚。
她喜歡笑，喜歡喝酒，
和我們一樣喜歡唱歌，
她喜歡笑，喜歡喝酒，
和我們一樣喜歡唱歌，

沒錯，就和我們一樣，沒錯，就和我們一樣，
儘管芳尚是個好基督徒，
但已受到酒的洗禮，
她的教父是勃根地人，
教母是布列塔尼人。
（副歌）
芳尚熱愛燒烤
勝過其他更精緻的菜餚
當我們為她斟滿酒時
她的臉色就煥然一新。
（……）

橘兒清楚記得她對葡萄酒產生興趣的那一天。那是一個非常簡單的星期天家庭聚餐，是一個再普通不過的午餐聚會。她先是吃了一口的料理，接著試著喝了一口爸爸推薦的葡萄酒，接著又吃了一口菜……事情就在這時候發生了！葡萄酒讓料理變得更好吃了！葡萄酒賦予了菜餚全新的風味，讓料理變得更加美味。這就是葡萄酒的魔力嗎？橘兒就在那天中午，找到了完美的搭配。

　　此後，每次橘兒在享用精緻料理時，這些想法就在她腦海中縈繞不去：今天應該搭配什麼酒？是不是該選擇更好的葡萄酒？不，不是更好……而是更適合這頓飯的葡萄酒。有時，她甚至會開兩、三瓶酒來比較看看！一天，她嘗試了她在偶然間讀到的「瘋狂搭配」：牡蠣搭配索甸葡萄酒。有一些朋友難以承受這樣的搭配，但也有些人很愛（有一對來自波爾多的夫妻說，他們很早以前就聽過這個搭配法）。橘兒的結論是，這世界上沒有絕對的「完美搭配」，所謂的好搭配，取決於個人的喜好與文化！

　　此後，橘兒敞開心胸，她樂意嘗試經典組合的搭配，同時也不斷開發出全新的搭配，為自己製造了一個又一個驚喜。在某幾次堪稱極度幸運的機緣下，她發現自己在品嚐的當下，眼裡冒出了彩虹，嘴裡滿溢著情感，心裡興奮得直發抖。沒錯，這就是：極致完美的搭配。

CLÉMENTINE

橘兒
成為見習侍酒師

餐酒搭配的基礎・我的菜要搭配什麼酒？
令人銷魂的飲食・我的酒要搭配什麼菜？

什麼酒配什麼食物？

餐酒搭配的基礎

　　餐與酒之間的關係就像婚姻一樣：成功了，兩者在一起就會迸發出更美妙的味道；失敗了，兩者就會衝突、會爭吵，最後失去彼此原本的優點。但要怎麼知道到底適不適合呢？最好的方法就是去嘗試，可能的話，最好每一階段都試試看，打從廚房裡冒煙的平底鍋旁，直到盛盤上桌，看這食物是否能包容酒的味道。味道的契合是婚姻的第一步，但契合與否終究還是你個人的事，畢竟關起門來，你的鄰居也管不著。

　　以下提供一些餐酒搭配的基本原則，方便你參考。你可以照著原則走，當然也可以大膽嘗試不同的搭配。

顏色搭配法

　　顏色搭配法是餐酒搭配最簡單的一個訣竅：選擇顏色相近的酒食。

海鮮甲殼類：淡菜、生蠔、干貝、蝦子、龍蝦……

魚類：鮪魚、鱸魚、比目魚……

禽類：雞肉、火雞肉，或是兔肉……

搭配白酒

牛肉：肋眼、菲力、牛小排、韃靼生牛肉……

搭配紅酒

搭配粉紅酒

豬肉製品、燒烤類：豬排、香腸……

羊肉：羊腿、羊排……

煎鮭魚、胡蘿蔔泥……

內臟：腰子、小牛肝……

野味：野豬、野鹿、雉雞……
有醬汁的菜餚：紅酒燉牛肉、燉肉鍋、馬鈴薯燴羊肉……

風土搭配法

　　若多數人選擇的主菜是同一道地方特色菜餚，可優先選擇與這道菜發源地同一區出產的葡萄酒，例如酸菜香腸鍋（Choucroute）配阿爾薩斯的麗絲玲或白皮諾、卡穌萊燉砂鍋（Cassoulet）配卡歐（Cahors）的葡萄酒、烤乳酪（Raclette）搭配侏羅（Jura）的白酒、西班牙海鮮飯配西班牙的紅酒、波雅克小羔羊配波雅克（Pauillac）的紅酒等……

融合搭配法

　　選擇與菜餚風味相近的葡萄酒：濃郁的配濃郁的、不甜的配不甜的、帶鹹味的配帶鹹味的……例如帶有礦石風味的蜜思卡得（Muscadet）白酒或夏布利（Chablis）白酒可搭生蠔，有鳳梨香氣的索甸（Sauternes）貴腐甜白酒配上法式鳳梨派；口感強烈的酒搭味道濃郁的菜餚，口感清淡的酒配柔和細膩的菜色。如果使用葡萄酒入菜，也可留一些用來佐餐，或者另外挑一瓶相同產區且相同品種的葡萄酒。

對比搭配法

　　比起和諧的搭配法，這種方法的目的在於製造驚喜，激發新的香氣，發現新的味道。最令人意想不到的搭配，通常來自於我們平常較少接觸的那些酒，例如氣泡酒、甜酒、加烈甜酒。

紅肉與酒的搭配

在紅肉的搭配上，我們追求的是平衡。葡萄酒不該因味道濃郁的紅肉而黯然失色，但也不能蓋過味道細緻的紅肉。對於油脂含量極高的肉類，可選擇單寧味明顯或單純清新的葡萄酒，以形成對比，便可減少油膩感，為菜餚注入新的活力。

牛肉

粉紅酒（串燒料理）　圓潤紅酒（燉肉、燒烤、烘烤料理）

飽滿紅酒

羊肉、小羔羊

芳香白酒（羊腦）　粉紅酒（法式北非香腸 merguez、香腸）　圓潤紅酒（水煮肉）

飽滿紅酒　* 天然甜酒

醃漬食品

活潑白酒　粉紅酒

清淡紅酒　圓潤紅酒

豬肉

活潑白酒（五花肉）　芳香白酒（雜碎）　清淡紅酒（雜碎、豬排）

圓潤紅酒（燒烤、烘烤料理）　飽滿紅酒（辛香、燒烤料理）

小牛肉

活潑白酒（雜碎）　芳香白酒（雜碎）　飽滿白酒（白醬料理）

粉紅酒　清淡紅酒　圓潤紅酒（燒烤料理）

* 驚喜搭配

禽類與酒的搭配

搭配禽類時，首先要避免使用濃烈紅酒，因濃烈紅酒會完全占據主導地位，掩蓋禽類的風味。更雅緻清爽口感的酒類是搭配禽類的首選，但也不妨加點新意，用意外的搭配讓禽類的風味更顯獨特。特別注意：某些味道較濃郁的禽肉，可能需要較具個性的葡萄酒，去彰顯其風味。

雞肉、火雞肉

飽滿白酒
（烘烤、白醬料理）

粉紅酒

清淡紅酒
（烘烤料理）

* 氣泡酒
（白醬料理）

* 甜型、超甜型
葡萄酒

蛋

活潑白酒
（鹹派）

芳香白酒
（歐姆蛋）

圓潤紅酒
（法式紅酒
水波蛋）

* 甜型、
超甜型葡萄酒

鴨肉

圓潤紅酒
（鴨胸肉）

飽滿紅酒
（烘烤料理、
* 肥肝）

甜型、
超甜型葡萄酒
（肥肝）

* 天然甜酒
（火焰烤鴨
flambé）

野禽

清淡紅酒

圓潤紅酒

* 飽滿白酒

兔肉

芳香白酒

飽滿白酒

清淡紅酒

* 氣泡酒
（白醬料理）

其他野味

圓潤紅酒
（野兔）

飽滿紅酒
（燉肉、
搭配醬汁）

* 驚喜搭配

魚肉與酒的搭配

在搭配魚類時，應避免選擇單寧味重的酒類，因為它會帶出魚類的金屬味道。和魚類搭配，應選擇芳香且清淡的葡萄酒，在口感上較無負擔。能帶出海洋風味的酒類，都會是很好的搭配。

鮪魚

芳香白酒　　粉紅酒
（生魚片）

清淡紅酒

鮭魚

氣泡酒　　活潑白酒
（生魚片）　（生魚片）

芳香白酒　　粉紅酒

白魚類

活潑白酒　芳香白酒　飽滿白酒
　　　　　　　　　（濃郁醬汁）

粉紅酒　　* 圓潤紅酒
（油炸、　（紅鯔魚
燒烤、湯類）　rouget）

河魚

芳香白酒　　粉紅酒
　　　　　　（燒烤料理）

* 圓潤紅酒
（波爾多七鰓鰻）

油脂多的魚料理

活潑白酒　　芳香白酒

煙燻魚類

氣泡酒　　活潑白酒

芳香白酒

* 驚喜搭配

貝類與酒的搭配

貝類與白酒最為搭配,除了少數特例之外(無論是有氣泡或無氣泡的白酒)。有碘味和鹽味的葡萄酒,更能突顯貝類肉質的細緻與美味。

扇貝	牡蠣、海螺	淡菜
氣泡酒　芳香白酒	氣泡酒　活潑白酒	活潑白酒　* 氣泡酒
飽滿白酒(白醬料理)	* 圓潤紅酒(熱牡蠣)　* 甜型、超甜型葡萄酒	

螃蟹、蜘蛛蟹	龍蝦	蝦子、明蝦
活潑白酒　芳香白酒	芳香白酒　飽滿白酒	活潑白酒　芳香白酒
粉紅酒	* 清淡紅酒(燒烤料理)	粉紅酒　* 氣泡酒

* 驚喜搭配

素食者的餐酒搭配

你是素食主義者，也喜歡葡萄酒？這是件好事。但較少人探索素食者的餐酒搭配。好消息是，這世界上還是有很多適合搭配素食的葡萄酒，而且可能是令人驚豔的搭配！

侍酒師的難題

素食菜餚往往令侍酒師傷腦筋。首先，餐酒搭配的知識一直以來都建立在傳統料理，也就是以優質的肉類和魚類為主的主餐之上。二來，廚師和侍酒師普遍對素食菜餚認識不足。最後，素食因為本身風味較肉類清淡，通常需要更精緻的葡萄酒來襯托。所幸，現代侍酒師會不斷進化自己，並適應新的飲食文化。現今，許多知名的素食餐廳，都有專業的侍酒師為顧客進行素食的餐酒搭配。

白酒是首選

蔬菜的質地通常不如肉或魚那麼結實，若搭配單寧強的紅酒，會讓紅酒顯得過於濃烈、澀口。白酒是首選的搭配方案，無論是活潑、芳香還是飽滿的白酒，都是素食菜餚的絕佳搭配。

生菜和沙拉（但醬汁中不能加油醋醬！）適合搭配活潑白酒；酪梨、鷹嘴豆泥或炒蔬菜，最好搭配芳香白酒。你也可大膽嘗試用義式燉飯或焗烤義大利麵來搭配濃烈的白酒。較複雜的陳年葡萄酒若搭配羊肚蕈、雞油蕈、牛肝蕈或松露等，往往令人驚豔。

紅酒也不差

顏色的搭配規則依然有效：如果蔬菜是紅色的，你可以選擇紅酒。建議不能選擇飽滿紅酒（紅豆和小扁豆除外；或菇類料理可考慮搭配陳年紅酒）。一般而言，清淡紅酒是較安全的選擇：可搭配紅燒胡蘿蔔、燉蔬菜（如普羅旺斯燉菜）、地中海風味或辛辣菜餚，而這些料理也很適合搭配粉紅酒。炙烤和焦糖化料理（例如烤南瓜或烤茄子）則適合醇厚的紅葡萄酒。

素食與酒的搭配

素食料理中常出現多種食材混雜狀況，若要選出好的餐酒搭配，則必須掌握兩大關鍵要素：（一）食物香氣和（二）食材的質地。若能找到同時讓以上兩項要素都得以發揮的葡萄酒，當然是最好的。若無法兼顧，請找出對你而言較重要的一項要素來選擇餐酒。

綠色蔬菜

活潑白酒　　芳香白酒

澱粉類

飽滿白酒　　粉紅酒
　　　　　（西班牙海鮮飯、
　　　　　沙拉）

圓潤紅酒

豆類

芳香白酒　　清淡紅酒
　　　　　（蔬菜泥、蔬菜湯）

飽滿紅酒

菇類

飽滿白酒　　圓潤紅酒

飽滿紅酒

根莖類蔬菜

芳香白酒　　*甜型、
　　　　　超甜型葡萄酒

圓潤紅酒
（焗烤、燒烤、
烘烤料理）

水果蔬菜

活潑白酒　　粉紅酒
（沙拉）　（沙拉、鑲餡料理、
　　　　　普羅旺斯燉菜、
　　　　　焗烤料理）

圓潤紅酒
（搭配醬汁、
焗烤料理）

*驚喜搭配

香草與酒的搭配

味道淡雅的香草可搭配較清爽的酒類，味道較強烈的植物性香料，則需要搭配較有特色的葡萄酒。辛香調味料料理，則適合搭配原酒。請注意，甜酒無法緩解辣椒帶來的辛辣感。

新鮮香草

（以薄荷、香芹、羅勒為主的料理）

活潑白酒　　芳香白酒

粉紅酒　　圓潤紅酒
（沙拉）

植物香料

（以百里香、迷迭香、月桂葉、鼠尾草為主的料理）

芳香白酒　　飽滿白酒

圓潤紅酒　　飽滿紅酒

辣味料理

（以辣椒、鳥眼辣椒等調味而成的刺激性料理）

甜型、
超甜型葡萄酒

辛香料理

（以咖哩、肉桂、肉荳蔻、薑調味而成的刺激性料理）

飽滿白酒　　飽滿紅酒

甜型、　　　＊天然甜酒
超甜型葡萄酒

┌─────────────────┐
  ＊驚喜搭配
└─────────────────┘

糕點與酒的搭配

白酒最適合搭配各種乳酪，因為白酒可避免味覺麻痺。甜點則非常適合搭配甜酒和利口酒。至於水果，可根據黃色水果或紅色水果香氣的不同，進行適合的搭配。

鮮乳酪

（菲達起司、山羊乳酪、普羅旺斯乳酪等）

活潑白酒　　芳香白酒　　* 氣泡酒

藍紋乳酪

（洛克福起司、拱佐諾拉起司等）

甜型、　　　* 天然甜酒
超甜型葡萄酒

巧克力

天然甜酒　　* 飽滿紅酒

硬質乳酪

（康提起司、湯德起司、高達起司、格律耶爾起司等）

芳香白酒　　飽滿白酒

蛋糕

氣泡酒　　甜型、　　　* 芳香白酒
　　　超甜型葡萄酒

奶油糕點

甜型、
超甜型葡萄酒

軟質乳酪

（卡門貝爾起司、布利起司、莫恩斯特起司等）

芳香白酒　　清淡紅酒

圓潤紅酒　　* 氣泡酒
（熟成乳酪）

紅色水果

粉紅酒　　　圓潤紅酒
（新鮮水果、沙拉）

天然甜酒　　* 飽滿紅酒

黃色水果

芳香白酒　　甜型、
　　　超甜型葡萄酒

* 驚喜搭配

大膽搭配

這就是所謂的衝突搭配。就是它們構成了葡萄酒的魔法。最成功的搭配，往往也是最令人驚訝的選擇。

侏羅黃酒搭配咖哩雞：
在葡萄酒中，咖哩香伴隨著蘋果、堅果和果乾的香氣。

不甜香檳（或優質起泡酒）搭配融化的卡門貝爾乳酪：
葡萄酒的氣泡，能為乳酪的油脂帶來刺激口感。

甜酒適合搭配亞洲美食：
在搭配極為辛辣的料理時，甜酒可以消除熱辣感並緩和刺激性的味道。

超甜型葡萄酒搭配安佩爾圓型乾乳酪（fourme d'Ambert）： 葡萄酒的甜，可緩和乳酪刺激的味道，並突顯其圓潤的口感。索甸葡萄酒搭配洛克福乳酪，也是不錯的選擇。

單寧極為柔順的陳年波爾多葡萄酒，可搭配煎肥肝：
葡萄酒和肥肝，可互相帶出彼此的優雅與層次。

索甸超甜型葡萄酒，適合搭配烤雞和馬鈴薯：
簡直是人間美味！葡萄酒的甜包裹著肉的香，還能在酥脆的皮上彈跳。

不適合搭配葡萄酒的食物

有些食物不適合和葡萄酒一起享用，更糟的是，它們還會讓葡萄酒變得不好喝。

醋會讓葡萄酒變成活死人。

生食會讓葡萄酒昏迷。

大蒜會把葡萄酒掐死。

朝鮮薊、苦苣、蔥和菠菜是同一路的殺手。

葡萄柚敢死隊會跟葡萄酒同歸於盡。

下列的餐酒搭配可能會讓你失望：
單寧強的紅酒搭配魚類和甲殼類海鮮料理：清淡的紅酒（羅亞爾河、勃根地、薄酒萊）可以搭配海鮮，但強烈的單寧會讓魚肉嚐起來有金屬味。
不甜的白酒搭配甜點：糖的甜度會讓葡萄酒顯得過於銳利僵硬，反而破壞了甜點的美味。

搭配氣泡酒

氣泡酒適合搭配多種料理。氣泡酒的特色多元，有濃郁的陳年香檳，也有帶果味的淡氣泡酒（crémant），也有較甜的布朗克特氣泡酒（blanquette）。這些酒都具有細緻的氣泡，不論是哪種類型的料理，都能因氣泡酒的搭配而增添活力。要注意，須避免搭配味道過於強烈的料理，否則會蓋過酒的味道。

魚類

鮭魚
（生）

煙燻魚類

海鮮

牡蠣、海螺

扇貝

甜點

蛋糕
（如果葡萄酒的含糖量
不會太低的話）

葡萄品種

夏多內、黑皮諾、皮諾莫尼耶
（pinot meunier）、皮諾歐歇
（pinot auxerrois）、麗絲玲、
梢楠（chenin）、蜜思嘉、莫札
克（mauzac）和混釀葡萄酒

酒名・產區

香檳、侏羅氣泡酒、阿爾薩斯氣
泡酒、波爾多氣泡酒、勃根地氣
泡酒、利慕氣泡酒、羅亞爾河氣
泡酒、克萊雷特氣泡酒、利慕布
朗克特氣泡酒、西班牙氣泡酒、
加雅克氣泡酒、義大利氣泡酒、
普羅賽柯微氣泡酒

* 驚喜搭配

雞肉和火雞肉
（白醬料理）

兔肉
（白醬料理）

淡菜

蝦子和明蝦

植物香料

鮮乳酪

軟質乳酪

搭配活潑白酒

活潑白酒就像一陣風一樣清爽，可喚醒味蕾和食慾，絕不讓人感到厚重、疲乏或具有侵略性。可能出奇地酸，但也是新鮮度和純度的保證。活潑白酒的鹹味、礦物質和柑橘皮味，能為簡單平淡的料理增色。

肉類

豬肉
（五花肉）

小牛肉
（雜碎）

醃漬食品與豬肉食品

蛋
（鹹派）

魚類

鮭魚
（生）

白魚類

油脂多的魚料理

煙燻魚類

香草與香料

新鮮香草

葡萄品種

蘇維濃、勃根地香瓜、
梢楠白皮諾、皮諾歐歇、
希瓦那（sylvaner）、
夏斯拉、阿里哥蝶

酒名·產區

松塞爾、普依芙美、蜜思卡得、
安茹、梭密爾、阿爾薩斯、
薩瓦、勃根地阿里哥蝶

海鮮

牡蠣、海螺

淡菜

螃蟹和蜘蛛蟹

蝦子和明蝦

蔬菜

綠色蔬菜

水果蔬菜

乳酪

鮮乳酪

搭配芳香白酒

飲用芳香白酒時,可以享受到花香、果香、罕見的酒香同時爆發。無論是哪一種芳香白酒,但都具有爆炸性的特質。這特殊的爆炸性,經常是極致美食體驗的重要關鍵。芳香白酒是大膽的選擇,而成功搭配時,也會帶來非凡的感受。有些芳香白酒經久置後,會變成飽滿白酒。

肉類

豬肉
(雜碎)

小牛肉
(雜碎)

羊肉、小羔羊
(腦)

兔肉

魚類

鮭魚

鮪魚
(生)

白魚類

河魚

油脂多的魚料理

煙燻魚類

香草與香料

新鮮香草

植物香料

海鮮

扇貝

螃蟹和蜘蛛蟹

龍蝦

蝦子和明蝦

蔬菜

綠色蔬菜

豆類

根莖類蔬菜和南瓜

葡萄品種

沒有木頭香的夏多內、格烏茲塔明那(gewurztraminer)、蜜思嘉、麗絲玲、維門替諾、維歐涅(viognier)、莎瓦涅、大小蒙仙(manseng)

酒名・產區

阿爾薩斯、恭得里奧、科西嘉、巴雷特、伯雷、侏羅、居宏頌、加雅克、隆格多克丘、利慕、沒有木頭香的勃根地、黃酒

乳酪與甜點

鮮乳酪

硬質乳酪

軟質乳酪

黃色水果甜點

搭配飽滿白酒

飽滿白酒的濃烈度和結構未必會輸給紅酒！飽滿白酒通常在橡木桶中熟成，口感豐潤飽滿，散發出奶油的香氣，同時混雜著鮮花、水果等氣味。在餐桌上適合用來搭配高貴食材、美味佳餚，尤其是海鮮，因為海鮮豐富的質地可增添高級感和層次。

肉類

雞肉、火雞肉
（燒烤、白醬料理）

小牛肉
（白醬料理）

兔肉

魚類

白魚類
（濃郁醬汁）

海鮮

扇貝
（白醬料理）

龍蝦

葡萄品種

帶有木頭香的夏多內、榭密雍、馬姍（marsanne）、胡姍（roussanne）、白格那希、莎瓦涅

酒名・產區

伯恩丘、夏布利特級園、梅索、夏山 - 蒙哈榭、普里尼 - 蒙哈榭、馬貢、普依富塞、格拉夫、隆河丘、艾米達吉、教皇新堡、隆格多克丘、加州夏多內、黃酒

蔬菜

澱粉類

菇類

香草與香料

植物香料

辛香料

乳酪

硬質乳酪

* 驚喜搭配

野禽

搭配粉紅酒

粉紅酒特質極為多變，取決於產地和釀造方式。不論是鮮豔、清淡，還是濃郁的粉紅酒，都有極具表現力的果味和不明顯的單寧。粉紅酒結合了白酒的酸和紅酒的香氣，很適合用來搭配海陸餐點。最精心釀造的粉紅酒，是真正適合佐餐的葡萄酒。

肉類

牛肉
（香腸、
法式北非香腸）

小牛肉
（雜碎）

羊肉、小羔羊

雞肉、火雞肉

醃漬食品
（豬肉）

魚類

鮭魚

鮪魚

白魚類
（油炸、燒烤、
湯類）

河魚
（燒烤料理）

葡萄品種

黑皮諾、卡本內弗朗、卡本內
蘇維濃、梅洛、格那希、
希哈、仙梭、慕維得爾、皮諾
多尼斯（pineau d'Aunis）等
（大多為紅葡萄品種）

酒名・產區

普羅旺斯丘、塔維勒、
科西嘉、波爾多粉紅酒、
馮多馬丘、勃根地粉紅酒、
圖爾淡粉紅酒

海鮮

螃蟹和蜘蛛蟹

蝦子和明蝦

蔬菜

澱粉類
（庫斯庫斯 couscous、
西班牙海鮮飯、沙拉）

水果蔬菜
（沙拉、焗烤料理）

香草與香料

新鮮香草
（沙拉）

甜點

佐紅色水果的甜點

搭配清淡紅酒

清淡紅酒普遍來自涼爽或溫和的氣候的產區，往往帶有紅色小莓果的香氣，清爽的質地具有解渴功效，也能讓料理恢復活力。請注意，輕盈未必代表簡單！來自精美的勃根地夜丘的黑皮諾既優雅又富極高層次。

肉類

豬肉
（豬排、雜碎）

小牛肉
（雜碎）

兔肉

雞肉、火雞肉
（燒烤）

野禽

醃漬食品
（豬肉食品）

魚類

鮪魚

葡萄品種

黑皮諾、加美、仙梭、
普沙（poulsard）

酒名・產區

薄酒萊、希路伯勒
（chiroubles）、聖艾姆、
夜丘、莫瑞 - 聖丹尼
（morey-saintdenis）、
香波 - 蜜思妮、
梅克雷、阿爾薩斯、
松塞爾、都漢、
聖普桑（saint-pourçain）、
侏羅、普羅旺斯

蔬菜

豆類
（蔬菜泥、蔬菜湯）

乳酪

軟質乳酪

＊驚喜搭配

龍蝦
（燒烤料理）

搭配圓潤紅酒

被形容為帶有圓潤或美味、豐腴的口感，並非以細緻度或結構著稱，而是以圓潤度引人注目，往往具有濃郁的果味或辛香味（或兩者兼具），帶有柔軟、絲絨般的質地，有時也略具圓滑感，如同醬汁般能包覆住料理中的食材，讓餐點變得更佳美味可口。

肉類

豬肉
（燒烤、烘烤料理）

牛肉
（燉肉、燒烤）

羊肉、小羔羊
（水煮肉）

小牛肉
（燒烤料理）

鴨肉
（鴨胸肉）

地面獵物
（野兔）

野禽

醃漬食品
（豬肉食品）

蔬菜

澱粉類

菇類

水果蔬菜
（搭配醬汁、焗烤料理）

葡萄品種

格那希、梅洛、卡本內弗朗、卡利濃、桑嬌維賽、金芬黛（zinfandel）和混釀葡萄酒

酒名・產區

隆河丘（村莊）、里哈克、吉恭達斯、瓦給雅斯、教皇新堡、尼姆丘、聖喬瑟夫、隆格多克丘、聖愛美濃、玻美侯、布拉伊丘、布爾丘、優質波爾多、伯恩丘、普羅旺斯丘、科西嘉、安茹、希濃、布戈憶、梭密爾-香比尼、托斯卡尼、西西里島、里奧哈、加州納帕谷（napa valley）、智利

香草與香料

新鮮香草

植物香料

乳酪

軟質乳酪
（熟成乳酪）

甜點

佐紅色水果的甜點

＊驚喜搭配

白魚類
（紅鰹魚）

河魚
（波爾多七鰓鰻）

牡蠣
（熱食）

搭配飽滿紅酒

飽滿紅酒具有強勁的結構、堅實的單寧、濃烈的口感、深色的色澤，具黑色水果和香料的香氣。飽滿紅酒通常來自陽光充足的地區或特級葡萄園的風土，與口感豐富濃郁的料理相得益彰，可搭配醬汁或少許油脂，為單寧賦予更加迷人氣息。飽滿紅酒一般來說，須經過陳釀才能飲用。

肉類

豬肉
（辛香、燒烤料理）

牛肉

羊肉、小羔羊

鴨肉
（燒烤）

地面獵物
（燉肉，搭配醬汁）

蔬菜

豆類

菇類

香草與香料

植物香料

辛香料

* 驚喜搭配

鴨肉
（肥肝）

佐以紅色水果
的甜點

巧克力甜點

葡萄品種

塔納（tannat）、卡本內蘇維濃、慕維得爾、馬爾貝克、希哈、田帕尼優（tempranillo）、內比歐露、黑達沃拉（nero d'Avola）、蒙提布希亞諾（montepulciano）

酒名・產區

上梅多克、波雅克、聖艾斯臺夫、聖朱里安、瑪歌、格拉夫、高比耶、菲杜、密內瓦、聖西紐、佛傑爾、胡西雍丘、邦斗爾、馬第宏、依蘆雷姬、弗隆東、布列、卡歐、羅第丘、艾米達吉、克羅茲-艾米達吉、高納斯、玻瑪、艾雪索、香貝丹、普里奧拉（priorat）、斗羅河岸、巴巴瑞斯科、阿根廷葡萄酒、澳洲希哈（shiraz）

搭配甜型或超甜型葡萄酒

甜型或超甜型葡萄酒一般認為適合搭配肥肝和甜點，但甜酒也很適合搭配家禽、海鮮、辛辣料理、甜鹹料理、乳酪等。從甜型至超甜型葡萄酒，只有幾克糖的差距，所以取得平衡至關重要。甜型葡萄酒更適合搭配主菜，而超甜型葡萄酒則特別適合貝類、乳酪或甜點。

肉類

鴨肉
（肥肝）

甜點

佐白色或黃色水果的甜點　　蛋糕

鮮奶油甜點

香草與香料

辣椒　　　香料

乳酪

藍紋乳酪

葡萄品種

梢楠、榭密雍、大小蒙仙、麗絲玲、格烏茲塔明那、灰皮諾、蜜思嘉、弗明、馬勒瓦西亞（malvoisie）

酒名·產區

阿爾薩斯晚摘葡萄酒、阿爾薩斯選粒貴腐型葡萄酒、巴薩克、索甸、盧皮亞克、蒙巴季亞克、居宏頌、維克-畢勒-巴歇漢克、邦若、梧雷、萊陽丘、蒙路易、麥稈甜酒（vin de paille）、風乾葡萄酒（vin de passerillage）、貴腐甜酒（trocken-beerenauslese）、冰酒

* 驚喜搭配

雞肉、火雞肉　　　　蛋

牡蠣、海螺　　　根莖類蔬菜與南瓜

搭配天然甜酒

天然甜酒和超甜型葡萄酒一樣甜，但酒精含量更高，風味更醇厚。非常適合搭配巧克力甜點，但也能搭配味道同樣濃郁的肉類。建議採用風味強勁的食物做搭配。用來妝點華麗複雜的餐點，或許能帶出獨特且少見的驚人風味。

甜點

佐以紅色水
果的甜點

巧克力

* 驚喜搭配

羊肉、小羔羊
（搭配醬汁）

鴨肉
（火焰烤鴨）

地面獵物

香料

藍紋乳酪

葡萄品種

蜜思嘉、格那希、馬勒瓦西亞、馬卡貝歐（maccabeu）、國產杜麗佳（touriga nacional）和法蘭杜麗佳（touriga francesa）、田帕尼優（tinta roriz）、舍西亞爾（sercial）、維岱荷（verdelho）、布爾（bual）

酒名·產區

威尼斯-彭姆、麗維薩特-蜜思嘉、風替紐-蜜思嘉、科西嘉角-蜜思嘉、班努斯、莫利、哈斯多、波特酒、雪莉酒、馬德拉、馬拉加、利口酒（彼諾香甜酒、馬克凡香甜酒、福樂克香甜酒）

酒食速配一覽表

不想慢慢摸索理想的搭配？需要飛速購買搭配特定料理的葡萄酒？以下是一份經典的搭配清單，其中包含五十種法國人最愛的料理。儘管這些是絕對奏效的組合，但也請盡量不要照單全收。若有嘗試其他的搭配的機會，都請試試看。但如果你不喜歡冒險，那這份清單會是可靠的指南。

料理	葡萄酒		料理	葡萄酒
鴨胸肉	波爾多、貝夏蒙		淡菜薯條	蜜思卡得、兩海之間
庫斯庫斯	馬格里布葡萄酒、尼姆丘、隆格多克、塔維勒粉紅酒		白醬燉小牛肉	馬貢白酒、利慕白酒
牛肋排	隆河丘、隆格多克		4 小時烤羊腿	梅多克、羅第丘
牛排炸薯條	薄酒萊、梭密爾 - 香比尼、布爾丘		勃根地紅酒燉牛肉	勃根地紅酒、梅克雷、吉恭達斯
烤乳酪	侏羅的莎瓦涅、薩瓦 - 胡榭特（roussette-de-savoie）		焗烤鑲番茄	隆河丘村莊級、普羅旺斯丘粉紅酒
烤鮭魚排	麗絲玲、夏布利		蔬菜牛肉湯	希濃、布戈憶
火腿包菊苣	白皮諾、勃根地阿里哥蝶、安茹白酒		馬鈴薯千層派	隆河丘白酒、阿爾伯（arbois）紅酒
烤雞	勃根地紅酒、塔維勒粉紅酒		薩瓦焗烤馬鈴薯	薩瓦白酒、隆河丘白酒
波隆那肉醬千層麵	邦斗爾、巴替摩尼歐紅酒		瑪格麗特披薩	普羅旺斯丘粉紅酒、吉恭達斯
波隆那肉醬義大利麵	隆河丘村莊級葡萄酒		芥末兔	希濃、布戈憶
普羅旺斯燉菜	尼姆丘、普羅旺斯粉紅酒、隆河丘		油封鴨	卡奧、依盧雷姬

西班牙海鮮飯	里奧哈、胡西雍丘紅酒		酸菜香腸鍋	白皮諾、麗絲玲
乳酪火腿烘餅	氣泡酒、安茹粉紅酒		菲力豬排	聖愛美濃、玻美侯
勃根地火鍋	勃根地紅酒		薯泥焗牛肉	松塞爾紅酒、薄酒萊
奶油培根義大利麵	蘇維濃、聖維宏、灰皮諾		卡穌萊燉砂鍋	馬第宏、貝傑哈克、卡歐
咖哩雞	黃酒、萊陽丘、恭得里奧		壽司	蘇維濃、松塞爾粉紅酒、兩海之間
塔吉小羔羊	隆格多克丘紅酒、威尼斯彭姆紅酒		焗烤鱈魚	普羅旺斯或科西嘉白酒
歐姆蛋	賈斯尼耶、安茹白酒		韃靼生牛肉	摩恭、風車磨坊、瓦給雅斯、律沙克-聖愛美濃
腸肚包	夏布利、吉弗里白酒、蒙內都-沙隆		馬賽魚湯	普羅旺斯白酒、邦斗爾粉紅酒
漢堡	聖喬瑟夫、聖路峰、波爾多布拉伊丘		墨西哥燉辣肉醬	弗隆東、聖西紐
火腿義大利麵	聖普桑、薄酒萊、羅亞爾河的加美		蒜香蝸牛	勃根地阿里哥蝶、馬貢白酒、侏羅夏多內
焗烤洋蔥湯	里昂丘白酒、阿爾伯白酒、雪莉酒		乳酪舒芙蕾	聖維宏、乎利白酒
火腿起司三明治	薄酒萊、布戈憶、夏多內		義式野菇燉飯	夏布利特級葡萄酒、伯恩丘白酒
烤填餡火雞	教皇新堡白酒、哲維瑞-香貝丹		燉小牛膝	邦斗爾紅酒
米蘭小牛肉排	希濃、布戈憶		鴨肝	晚摘灰皮諾、居宏頌甜型葡萄酒

保羅很懂得享受生活，他的朋友都喜歡邀請他到家中作客。每當保羅踏進好友家的大門時，他總是精神奕奕地喊道：「嘿！我帶了瓶葡萄酒喔！跟我講講你們對這瓶酒的看法吧！」事實上，保羅的朋友更愛去他家作客，大家最期待的，就是聽見保羅說：「來吧！誰陪我去酒窖挑瓶好酒！」就算還沒嚐到葡萄酒的滋味，光是這期待的心情就令人雀躍不已。

　　然而，以前的保羅可不是這樣的。大家都還記得，以前保羅總是拎著一瓶不怎麼樣、但他卻以為很棒的葡萄酒來參加聚會。有時他甚至會帶來一些很詭異的葡萄酒，這些酒都是他「閉著眼睛選」的，譬如他會在小超市買一瓶看起來很厲害的波爾多紅酒，酒標上還寫著「偉大的葡萄酒」……後來保羅開始上葡萄酒專賣店買酒，他找到了一間很棒的店，店裡的人不僅能了解他的需求，也總是會給他一些很好的建議。某天，他去參加了一場葡萄酒展，那場活動令保羅大開眼界，離去時當然也帶了很多很多瓶葡萄酒。

　　保羅厭倦了總是在下班後匆匆忙忙去買酒，為了隨時隨地都有好酒可以喝，他下定決心要建立自己的酒窖，也開始向酒展上認識的酒農們訂購葡萄酒。經過數年的累積，現在他擁有一套非常漂亮的葡萄酒收藏，種類和品項都很豐富，有些可以立刻開來喝，有些適合放幾年後再來品嚐。保羅對他的小酒窖感到非常驕傲，不過偶爾也會懷疑，自己到底有沒有辦法將這些葡萄酒全部喝完……不必擔心，他的朋友們會很樂意和他一起喝光這些葡萄酒的！

　　這個章節獻給所有像保羅一樣的人：想要收藏美好葡萄酒，並總是樂於與眾人分享品嚐好酒的快樂。

PAUL

保羅買葡萄酒

葡萄酒的價格 / 上餐廳點酒 / 讀懂酒標
選購葡萄酒 / 建立自己的酒窖

葡萄酒的價格

葡萄酒的價格該是多少？即你願意支付的價格！更確切地說，葡萄酒與大多數產品都遵循同樣的法則：供需平衡。越是知名搶手的葡萄酒，價格往往就會升高！

市場法則

市場或多或少是被動的，這取決於生產類型和酒農的意願。

關於酒商的商標：
透過購買更多的葡萄，酒商比獨立酒農更容易迎合不斷增長的需求。

關於獨立酒農：
- 供應量有限，只販售自家生產的產品。
- 如果需求量很大（或產量很小），可以不管定價，為最忠實的客戶保留產量，或是可以提高價格來控制需求。
- 獨立酒農還可以購買土地來生產更多葡萄酒，然後提高價格來讓葡萄酒更快盈利。

其他提高價格的因素

艱困的年份
因為結冰、下冰雹、太熱了……導致葡萄的數量（因而產出的葡萄酒數量）比往年少得多。如果酒農認為葡萄酒的品質好，他可以提高價格以保障收入。

土地增值
在法國，依法定產區而定，一公頃葡萄藤的價格從 5,000 歐元到 4,000,000 歐元不等！新的分類、新流行的法定產區，都可能使價格飆升。對於想確保由自己的子女繼承土地的酒農來說，這項成本會轉移到葡萄酒身上。

新形象
宣傳活動、負責行銷的新員工……生產以外的人事和工作成本都會反映在價格上。

尋找消費者
酒農有時不得不提高基於稀有葡萄品種或非典型釀造工藝所製作出的特釀的價格，以吸引可能感興趣的頂級客戶。

生產一瓶葡萄酒需要多少錢？

從劣等酒到特級葡萄酒的生產成本有很大的差異。

每瓶價格從不到一歐元到四十歐元不等。

這種差異可用許多因素來解釋：對葡萄藤的照料、木桶的購買、軟木塞的品質，甚至是防偽系統，都是為了釀造出最好的葡萄酒。

（每瓶葡萄酒的價格）應考量的包含：

– 每公頃的生產成本：0.20 歐元到 5 歐元之間

– 包裝與銷售：0.30 歐元到 15 歐元之間

– 釀造與熟成成本：0.10 歐元到 5 歐元之間

– 酒莊的運作：0.10 歐元到 10 歐元之間

– 裝瓶：0.50 歐元到 5 歐元之間

葡萄酒的命運

不是所有的葡萄酒都是為了同樣的目的製造。酒農總是會以不同的價格提供幾種特釀。還有一種入門級的酒，常被視為「解渴酒／新酒」（vin de soif）或「派對酒」（vin de fête），好入口，陳年時間短。還有頂級特釀，即所謂的「美食葡萄酒」（vin de gastronomie）或「陳年酒」（vin de garde），味道更為濃烈，來自較老的葡萄藤或更具盛名的區塊，有時上市前會在桶中進行長時間陳釀，通常具有較大的陳年潛力。這兩種酒的生產成本不同，銷售價格也必然不同！

售價與成本的比例

酒農或酒商必須能夠在以下方面找到平衡：

– 負擔開銷。
– 產生利潤以支持酒農及其潛在員工。
– 可能需償還銀行貸款（在繼承或購買葡萄藤的情況下），並支付保險（例如預防冰雹造成的損失）。

 超甜型葡萄酒的特殊情況

超甜型葡萄酒通常比微甜葡萄酒貴的原因：
– 在葡萄成熟許多時進行採收，果實中的水分較少。因此，生產與微甜葡萄酒相同體積的葡萄酒需要更多的葡萄。
– 葡萄的採收是在一系列的篩選中完成的。由於必須多次穿越葡萄藤，如果以人力進行，成本會更高。

上餐廳點酒

看懂酒單

要從餐廳的酒單上挑瓶好酒，常讓人覺得很苦惱；有些餐廳的酒單乏味到讓人什麼也不想點，有些則是厚得像一本字典，讓人根本沒勇氣打開來看。到底要如何才能點到一杯自己想喝的葡萄酒呢？

第一項原則：對自己的選擇有信心。無論如何，就算你點到不好的葡萄酒，也不是你的錯，而是餐廳的問題。

第二項原則：挑選一瓶可以搭配所有菜色的葡萄酒。如果有人點海鮮，就不要挑單寧太重的紅酒；如果有人點紅肉當主餐，則避免點太清爽活潑的酒。如果大家點菜差異較大，不妨來瓶清淡的紅酒或強勁的白酒，這樣就不會出錯了。

第三項原則：若價格相同，優先選擇小產區的葡萄酒。以30歐元的價位來說，一瓶地區餐酒（VDP）絕對比一瓶梅多克（Médoc）的葡萄酒好喝。此外，寧願選一瓶最貴的小產區葡萄酒，好過選一瓶最便宜的知名產區葡萄酒。

 創意酒單

傳統的酒單容易讓葡萄酒初學者混亂，所以現在有許多餐廳會用更簡單易懂的表現方式，讓點酒變得更輕鬆。在法國、美國及南非的餐廳常見以下三種創意酒單：

▶ **酒評式酒單：**
用具體且非常特別的一句話，來呈現每一款酒的特色，例如「這款酒像一位髮量稀疏卻英氣不減的男人」、「這酒就像溫柔清純又性感的灰姑娘」，諸如此類有趣又生動的描述。

▶ **觸控式面板酒單：**
只要點選任何一款酒，就會立在螢幕上刻跳出完整的介紹資訊，例如葡萄園地圖、葡萄品種、酒莊介紹等，簡單易操作，而且資訊完整。

▶ **以葡萄酒風格分類的酒單：**
首先選擇想要的葡萄酒風格，例如口感醇厚堅實、如鵝絨般柔順圓潤、輕盈且具有豐富果香⋯⋯然後再決定葡萄酒的產地及法定產區，簡單又清楚。

LA CARTE · DES VINS

酒單

單杯酒 (12cl)

白酒（BLANC）
Loire, Sancerre, «Floris» Domaine V. Pinard ... 4,10€

紅酒（ROUGE）
Vin de Pays du Cantal IGP Gamay- Gilles Monier 2011 ... 6,10€

單瓶

勃根地及薄酒萊 ①
Marsannay «le Clos» - R. Bouvier 2010 ... 47€
Bourgogne Nerthus Domaine Roblet Monnot 2011 ... 39€
Chablis, 1er Cru les Vaillons – J. Drouhin 2011 ... 38€

② ③ ④ ⑤

隆河谷地
Saint Joseph «Silice» - P. et J. Coursodon 2012 ... 46€

羅亞爾河谷地
Vouvray «Le Portail» - D & C. Champalou 2010 ... 43€
Quincy Domaine Trottereau 2012 ... 30,50€

義大利
Toscane «Insoglio» - Campo di Sasso 2011 ... 32€

如果缺少這些資訊怎麼辦？

請餐廳的侍酒師或服務生為你說明，因為他們應該要最了解自己為客人準備的酒。如果他們不知道該如何回答，那就表示這家餐廳的侍酒服務及水準可能並不怎樣……

12cl = 120ml

*cl ＝公勺
ml ＝毫升

單杯酒

餐廳的酒單上必須提供至少一款以上的單杯酒供客人選擇。通常來說，單杯酒都是些簡單易飲的葡萄酒，但千萬別因此而排斥它，因為它反映了每家餐廳的選酒喜好和品味。如果酒單上僅標示葡萄酒的生產地區，則會令人對這樣的餐廳產生疑慮。若是酒單上的單杯酒選擇很多？不妨問問店家是如何保存這些葡萄酒的：如果酒開瓶之後沒有放置在酒窖機內，或使用抽真空的設備將酒瓶內的空氣抽光，這些酒可能過不了幾天就變質了。

酒單上的必要資訊

① 地區
② 法定產區（appellation）
③ 酒莊名稱、生產者名稱，或酒商名稱
④ 出產年份
⑤ 價格！

其他參考資訊：
▶ 葡萄園地塊的名稱
　（例如：1er cru Vaillons）
▶ 酒款的名稱
　（例如：cuvée Renaissance；
　　cuvée Antoinette）
▶ 葡萄酒出產國家
　（如果酒單上有來自各國的葡萄酒）

價格換算

單杯酒

相對於單瓶酒來說,單杯酒的售價通常比較昂貴。一杯 120 毫升的單杯酒,容量是整瓶酒的六分之一,而售價會是整瓶酒的四分之一。如果你發現酒單上有同一個酒款的單杯酒和單瓶酒,不妨計算一下,就可知道這家餐廳的酒價漂不漂亮。

2 或 2.5 倍

餐廳的單瓶酒

在法國,餐廳的葡萄酒銷售利潤是出名的高。平均來說,餐廳會以採購價的三倍當作售價。但你得知道:通常餐廳的採購價會比一般人購買葡萄酒的價格更低。這樣推算的話:把你的購買價乘以二至二點五倍就是餐廳的售價。舉例來說,一瓶在酒莊售價 10 歐元的葡萄酒,在餐廳的售價很可能要 24 歐元。

然而令人生氣的是,巴黎現在有為數不少的新潮餐廳,欺負多數客人並不懂葡萄酒,甚至敢將售價提高到原本的五至六倍!

建議:現在有許多手機應用程式,可以幫你快速找出每款葡萄酒的均價(只要不是太神祕的酒款)。看多了,自然就會越來越了解每間餐廳的定價策略。

自帶葡萄酒

如果你有在收藏葡萄酒,不妨問問餐廳是否能讓你帶自己的葡萄酒去享用。餐廳可能會收取每瓶 10 歐元的開瓶費,但如果你帶的是名貴的葡萄酒,比起在餐廳點酒,支付開瓶費還是相對划算許多。

侍酒師的工作

在高級餐廳用餐，一定會有一位侍酒師等著為你服務。侍酒師的任務，就是找出與餐點最搭配的葡萄酒組合。通常餐廳的葡萄酒挑選及採購工作，都是由侍酒師負責，他也必須確保服務客人的過程完美無誤。

一位好的侍酒師

▶ 具備專業的葡萄酒知識，但絕不在客人面前賣弄。

▶ 了解自家酒單並能隨時調整。如果某款葡萄酒賣完了，侍酒師必須提前告知客人，並提供另一個相似的建議。

▶ 善於觀察與捉摸顧客心理，猜測什麼是你想要的跟你可能會喜歡的。

▶ 透過交談，技巧性地試探客人的口味與偏好。

▶ 在你毫無頭緒時適時給予建議。選酒的依據當然不會以價格昂貴與否，而是以搭配菜色並符合你的口味為優先。

▶ 當你在兩、三款葡萄酒之間猶豫不決時，他會適時協助你做出決定。好的侍酒師甚至能將酒單上所有的酒做個簡單的分析比較，再依客人的喜好給予建議。

▶ 絕不批評客人的選擇！侍酒師可以提出建議，但絕不能讓客人覺得自己的選擇不夠好。

▶ 若你點的是單杯酒，他會先倒一點請你品嚐。

侍酒的時候：

侍酒師必須在客人面前開瓶。如果拿到你面前的是一瓶已經開好的葡萄酒，你有理由懷疑這瓶酒可能是之前其他客人打開的、有問題的葡萄酒，試酒時請務必提高警覺。

侍酒師會先詢問哪一位客人想試酒。一般來說會由買單的人負責試酒。

當你試過酒並且表示酒沒問題之後，侍酒師會先為其他賓客斟酒，最後再將你的酒杯斟滿。

為什麼要試酒？

這是為了確定酒有沒有問題（缺陷），例如軟木塞變質、葡萄酒過氧化或缺氧、溫度不對等等。

 如果發現軟木塞變質或葡萄酒過氧化，請將酒退還。侍酒師必須換瓶一模一樣但尚未開瓶的葡萄酒給你。如果你嗅到酒已經出現「軟木塞味」，侍酒師是絕不可以拒絕換酒的！你可以直接把那瓶酒退掉，因為它已毫無價值了。

 若酒的溫度太低，你可以向侍酒師反應，但除了等酒自己回溫之外沒其他辦法。記得，低溫反而會使葡萄酒的香氣隱匿消失。等回溫之後，葡萄酒香氣湧現，你一定會感到驚喜萬分。

 如果葡萄酒缺氧或是沒有香氣，請侍酒師將酒過一下醒酒瓶。侍酒師若是經驗豐富且了解自己的酒，發現這種情況一定會直接將酒換到醒酒瓶中，或著至少會建議你這麼做。

 若酒本身沒有任何問題，你只是覺得滋味普通，這種情況是無法要求退酒的。但你可以向侍酒師表達你的感受，並詢問為何他會推薦這款葡萄酒給你。

 若葡萄酒溫度過高，可請侍酒師拿冰桶來，讓酒瓶浸泡其中。

讀懂酒標

酒標上的標示

範例：波爾多葡萄酒酒標

除此之外尚有兩項必要資訊：便於追蹤流向的酒瓶編號，以及酒瓶回收的環保標誌。

1 葡萄酒名稱：非必要資訊。酒名可以是酒莊（domaine）、酒款（cru）、品牌或是城堡（château）名稱。在波爾多通常會用「城堡」而不是「酒莊」。

2 等級名稱：必要資訊。等級名稱可以是法定產區（AOC，如範例中的 Appelation Bordeaux Supérieur）、優質地區餐酒（AOVDQS）、地區餐酒（VDP）或是日常餐酒（VDT）＊。

3 年份：非必要資訊，表示這瓶酒全部來自那一年採收的葡萄。

4 容量：必要資訊。

5 此酒含硫化物：接近必要資訊。市面上很少有不含硫的葡萄酒。

6 裝瓶者：必要資訊。範例中的這款酒是在城堡裝瓶的。

7 出產國：出口用葡萄酒必要資訊。

8 酒精含量：必要資訊，通常會以百分比表示。

9 孕婦請勿飲酒：必要資訊，亦可用文字代替圖示。

＊ AOC：Appellation d'Origine Contrôle
AOVDQS：Appellation d'Origine Vin Délimité de Qualité Supérieure
VDP：Vin de Pays
VDT：Vin de Table（2009 年更名為 VDF: Vin de France）

其他範例：勃根地葡萄酒酒標

① **法定產區名稱：**若為勃根地一級園（1er Cru）或特級園（Grand Cru）生產的葡萄酒，有時「勃根地地區」（Bourgogne）的字樣不會出現，但「法定產區」是一定得詳細標寫出來的。例如範例中的「一級園」及其「克理瑪」（climat，葡萄園的個別小地塊，此例中的克理瑪為 Les Chaffots）。

② **酒莊名稱：**可為生產者或酒商名稱（如範例所示）。

其他非強制性標示

① 酒莊或品牌的代表性圖案。

② 製作方式、熟成方式或其他傳統標示，例如在橡木桶中熟成、老藤……

③ 使用的葡萄品種名稱。

④ 獎牌或榮譽勳章。

⑤ 葡萄酒類型：若是氣泡酒，則必須註明甜度類型，例如不甜（brut）、微甜（sec）、半甜（demi-sec）、甜（doux）……

葡萄酒的背標

　　為了維持正面酒標的大方和美感，有些酒莊會在酒瓶背面貼上另外一張標籤，上頭可以標示更多關於葡萄酒的詳細資訊。

① **酒莊介紹：**酒莊歷史、酒莊傳統特色、酒莊製酒理念……

② **飲用建議：**最佳飲用溫度、適合搭配餐點、是否需要醒酒……

③ **其他說明或認證：**例如 AB 和 Ecocert 認證的有機標示、Demeter 和 Biodyvin 的自然動力法認證標示……

辨識好的標示

你應該要學會從眾多標示中認識重要的訊息，選擇一瓶品質良好的葡萄酒。

列級葡萄酒（cru classé）：
例如阿爾薩斯的特級園、波爾多的一級到五級酒莊和布爾喬亞級酒莊、勃根地的一級園和特級園……值得注意的是，也有很多品質優秀的葡萄酒並未被列入等級葡萄酒之中。

在酒莊裝瓶（mis en bouteille à la propriété /au château / au domaine）：
雖然有些在酒莊裝瓶的酒不怎麼樣、在酒莊外的地方裝瓶的酒很不錯，但以平均水準來說，「於酒莊內裝瓶」仍可被視為品質的指標。另外，盡量避免購買「於生產區域內裝瓶」（mis en bouteille dans la région de production）的葡萄酒，表示那瓶酒是在酒標上的法定產區之外的地方裝瓶，通常這種酒的品質都不太好，甚至非常糟糕。

合適的酒精濃度：
不夠成熟的葡萄釀出來的酒，酒精濃度較低，味道也會比較苦澀。建議挑選酒精濃度至少 12% 以上的紅酒或白酒，甜酒則選擇酒精濃度 13.5% 或以上的會更好。

酒精濃度
至少 12%

酒精濃度
至少 13.5%

具原創性的背標：
那些經典制式的標準背標與寫法，通常出自大型商業團隊之手，大同小異且了無新意。相反地，那些由酒農親手撰寫的、關於酒莊的敘述或小故事，反而更能展現個人風格，讓我們透過品嚐這瓶葡萄酒去感受各個酒莊的特色。

錫箔製的葡萄酒籤封：
以瑪莉安娜（法蘭西共和國精神象徵）頭像為裝飾的葡萄酒籤封，其實暗藏了很多的資訊。綠色的表示法定產區葡萄酒，藍色的表示地區餐酒或一般餐酒，橘色的表示特別種類葡萄酒，例如加烈葡萄酒。所以綠色籤封的葡萄酒當然適合做為優先選項！
此外，籤封上的 N、E、R 英文字母也有各自代表的意義。這些字母代表了裝瓶者的身分，N 表示酒商（négociant），E 表示公司（entreprise），這兩者代表來自酒商或大品牌的葡萄酒，他們會將收購來的葡萄或葡萄酒以自有品牌銷售。字母 R 則表示種植者（récoltant），代表生產者自己種植及釀造的葡萄酒，也就是酒農自產的葡萄酒。

行銷用語和手法

各式各樣的標語讓酒標看起來更具有說服力，但要小心別掉進文字陷阱裡了，有些標語說穿了只是用來強調或裝飾，好吸引消費者注意罷了。

偉大的波爾多葡萄酒（Grand Vin）：
這樣的標語完全沒有任何意義，充其量只是用來裝飾法定產區葡萄酒的瓶子，沾光波爾多的偉大名聲。這種標語對葡萄酒的品質根本不具任何保證。

偉大的、最好的、珍貴的酒款
（Grande cuvée/Tête de cuvée/Cuvée Prestige）：
如同前例，這些標語一樣不具意義，也不值得驕傲。一般來說，以這種方式命名的酒款，只代表它的名聲比入門酒款高，最重要的還是生產的酒莊本身的名聲。

橡木桶熟成（Vieilli / élevé en fûts de chêne）：
這說明了酒的風格，卻與品質無關，酒莊可依喜好決定是否標注。事實上，有很多橡木桶熟成的葡萄酒並不會特別標示。

老藤（Vieilles Vignes）：
葡萄樹的年齡會影響葡萄酒的味道。通常樹齡大於四十年的葡萄樹可稱為老藤，然而法律上並沒有任何關於標示「老藤」的資格限制，所以某些酒莊會把那些樹齡才二、三十年的葡萄樹也稱為老藤，並標示於酒標上。

酒標的形狀：

有些大膽的酒莊會採用各種形狀新奇的酒標，例如水滴形、圓形、鋸齒形……而他們所瞄準的客群也有別於傳統酒標愛好者，畢竟在部分消費者眼中，傳統酒標的設計真的越來越過時了。但說到底，酒標的形狀只是包裝的一部分，和酒本身的品質一點關係也沒有，選個自己喜歡的酒標又有何不可呢？

圖案：

新世界的酒莊或酒商喜歡將酒標設計成各式各樣的圖案，展現創意，讓葡萄酒表現年輕氣息。有些法國酒莊每年都會設計不同的酒標，Mouton-Rothschild 酒莊就是一個經典的例子，他們每年都會邀請一位當代知名藝術家來繪製酒標，包括畢卡索、凱斯·哈林和近幾年合作的傑夫·昆斯。

女性化酒標：

女性的消費潛力無窮，遠勝男性消費者，在購買葡萄酒方面也一樣。從行銷的觀點來看，專為女性設計酒標的做法也就不令人意外了。貼上粉紅色酒標的葡萄酒滋味可能不錯，也可能不怎麼樣，但以可愛外表增加銷售這件事來說……效果也不怎麼樣。調查結果顯示，女性消費者並沒有輕易就受到影響，尤其當買來的酒是要與男性共享時，她們甚至會討厭購酒標過於女性化的葡萄酒。

其他的「驚喜」

城堡酒莊（**Château**）：

使用「Château」這個字有特殊的法定意義，表示這款酒必須是法定產區（AOC）等級的葡萄酒，而且酒莊可能擁有自己的葡萄園和熟成酒窖。因此，一般的釀酒合作社和獨立酒農，其實都有權利在酒標印上這個字。

於釀酒合作社裝瓶：

釀酒合作社出產的葡萄酒，有時會標示「在酒莊裝瓶」（Mise en bouteille à la propriété）。若酒農本身是釀酒合作社的股東，合作社當然也是屬於酒農們的財產，因此這樣的標示是成立的。

刻意放大的標章：

擁有 AB（Agriculture Biologique）、Ecocert、和 Demeter 有機認證標章，代表這瓶酒的生產者對於葡萄園土地所投注的心力，不亞於對葡萄酒釀造的堅持。但是當這樣的標誌被刻意放得過大，代表這瓶酒的確是使用有機栽種葡萄，卻可能是以幾近工業化的方法釀製而成。

令人混淆的「作弊」名字：

你可以買到「拉菲堡」（Château Lafite），也可以買到「拉飛堡」（Château Laffite），但這兩者可是完全不一樣的葡萄酒！前者是波爾多最名貴的葡萄酒之一，屬於一級園，價格不菲；後者則是平價酒，生產的酒莊位於聖艾斯臺夫（Saint-Estèphe）和馬第宏（Madiran）。

地區餐酒（**VDP**）：

雖然不常見，但確實有些表現非常優秀的地區餐酒，甚至比部分法定產區（AOC）葡萄酒更知名。通常這樣的例子，都是生產者主動放棄法定產區的資格；少了規範束縛，酒農就可以自由地釀自己喜歡的酒*。某些小有知名度的酒農因為選用官方指定之外的葡萄品種，或不按照規定的比例釀酒，只能以地區或日常餐酒的名義銷售。然而這些葡萄酒的價格可不便宜，而且一般超市是找不到的。

＊編註：AOC 在法文的意思是「原產地管制命名」，不論是葡萄品種、種植數量、釀造過程等都需要得到官方認證，是法國葡萄酒的最高級別。

選購葡萄酒

住家附近的小型超市

實際狀況

　　小型超市裡的葡萄酒，都是在室溫之下直立陳列，長期置於過熱的環境，軟木塞變得乾燥，保存的狀態其實並不理想。可以的話，挑一瓶旋轉瓶蓋的葡萄酒，因為這種瓶蓋密封性較佳，相對之下多少可以保護葡萄酒。

該選什麼酒？

　　別選擇那些名貴的葡萄酒，因為它們價格昂貴，而且當下根本不適合飲用——紅酒的單寧太生硬，白酒的木桶味太突出，還需要幾年的時間來熟成。

選擇果香豐富、適合年輕飲用的葡萄酒

紅酒：例如羅亞爾河（希濃、梭密爾 - 香比尼、布戈憶）、南隆河（單寧柔順、酒體飽滿）、薄酒萊（非薄酒萊新酒，可考慮布依、聖艾姆、希路伯勒）等地區。西班牙或智利的紅酒柔順易飲、價格親切，也是不錯的選擇。

白酒：不要買酸度高的干白酒，最好選擇圓潤又有豐富果香味的，例如馬貢內（Mâconnais）、普羅旺斯和隆格多克等地的酒。

氣泡酒：選擇知名酒廠的品牌香檳，品質會比較穩定可靠。不然就選擇一瓶跟香檳差不多價位、比較貴一點的氣泡酒（crémant）。

優先選擇一些大型酒商或知名品牌的葡萄酒，品質會比中低價位葡萄酒穩定許多。例如：勃根地的酒商 Jadot 或 Bouchard、隆格多克的 Gérard Bertrand、隆河丘的 Chapoutier 或 Guigal。

去大賣場買酒

大賣場的酒架上什麼都有，換句話說，你可以找到各種價位的葡萄酒！

 在大賣場買酒的優點：有非常多的葡萄酒可以選擇（但可能有三分之二的酒並不是太有意思），而且價格優惠。大型量販店的採購價非常低，因為他們必須比其他競爭對手賣得更便宜！

 缺點：大部分時候沒有工作人員可以讓你諮詢葡萄酒。

特別推薦酒款

有掛這種吊牌或環圈的，表示是有專業人士背書的葡萄酒，例如 Hachette、Gault et Millau、Bettane & Desseauve、Revue du France 等酒評指南。擁有精選推薦的吊牌，並不代表這些葡萄酒就很棒，但至少保證這些酒的品質是可以接受的，你大可以放心。

得獎酒款

獎牌勳章可以讓酒瓶看起來更厲害，但要先了解一件事：並非所有的葡萄酒競賽都具有價值和意義。一場無名競賽的加冕勳章，完全無法保證這就是一瓶好酒。事實上，酒展或競賽本身的名聲才能賦予獎牌價值，例如 Le Salon des vignerons indépendants、Le Salon de l'agriculture、Le Concours Général Agricole de Paris、Le Concours Mondial de Bruxelles 等知名賽事。若是你挑選的葡萄酒有得到上述單位所頒發的獎牌，你可以為此感到驕傲。然而你得了解另一件事：得獎，並不表示它是現有同種類的葡萄酒之中最棒的。這不過說明了在某個特定時刻，有某些特定的人曾經特別欣賞這些酒罷了。此外，參與比賽是得付費的*。

*譯註：意指可能還有很多不願付費參加比賽的好酒不在此列。

品牌葡萄酒

就是那些最容易找到的、由釀酒合作社或大型酒商出品的葡萄酒。選擇品牌葡萄酒的優點是品質較穩定且有保障，缺點是缺乏獨特性。

有些葡萄酒屬於經銷商（賣場）自有品牌，例如 Le Club des Sommeliers 是 Casino 的品牌、Pierre Chanau 是 Auchan 創立的、Chanter Blanc 屬於 Lercerc、L'âme du terroir 屬於 Cora、Reflets de France 是 Carrefour 的品牌。雖然這些葡萄酒並不是很有特色，但至少就口味來說還算不錯，也沒有太大的缺點。

VIN DU MONDE   VIN DU MONDE

酒農葡萄酒

大型量販店有時會買下某些酒農的獨家銷售權，在自家店裡販售。他們通常喜歡和產量充足的酒農合作，這樣才足以供給其旗下眾多賣場整年度的需求。賣場販售的葡萄酒通常都以大眾口味為主；若是選用頗具個人特色、非典型市場口味且產量稀少的酒農葡萄酒，老實說這樣的決定實在有點愚蠢。

 掃描酒標

只要用智慧型手機下載相關應用程式（例如 Vins et Millésimes、Drync Wine Free、Cor.kz Wine，和可以掃描酒標條碼的 ConseilVin），你就能清楚了解每款葡萄酒。另外還有越來越普遍的酒標 QR Code，只要掃描一下，就可以得到詳細的酒莊介紹。

參觀酒展或酒莊

這是最理想的買酒去處，因為你可以先品嚐再購買：酒展上，會有酒農親自為你斟上他們釀的葡萄酒；去酒莊，主人一定會準備酒杯和酒桌讓你品酒。品酒，正是我們去參觀酒展和酒莊最重要的目的！

價格

直接和生產者購買葡萄酒，一定比在外面買便宜許多，因為少了中間的中介者，就不需要再外加一筆轉手利潤。

各種酒款

一間酒莊不會只生產一款酒，通常都會有入門款和進階款。酒莊會依不同地塊採收的葡萄分別釀造，然後根據風土條件、法定產區、葡萄混釀比例和熟成類型，以不同酒款銷售。在酒莊有機會可以品嚐到一整個系列的葡萄酒，當然，你不必非得欣賞最貴的那款酒，也可以表明自己比較欣賞入門款。一個好的生產者對自家的入門和頂級葡萄酒，應該是付出同等的心力的。你可以先購買最簡單的酒款，隔年再回到同一間酒莊試試進階款，慢慢進步，這是學習認識及品嚐葡萄酒的好方法。

交流

通常在酒展上人太多了，酒農根本沒時間和你說話。但如果你去他的酒莊參觀，他很可能會熱情地接待你、和你聊聊他的葡萄酒。

參觀酒莊

只有酒農可以清楚告訴你葡萄樹的平均樹齡、葡萄園土壤的成分結構、今年的雨量太多或太少、釀酒過程的細節等等，你就可以了解為何這款酒比較精彩、那款酒比較細緻。

但請不要糟蹋酒農的時間和熱情，讓他花費兩個鐘頭和你討論，最後你只買了半瓶裝的葡萄酒……如果你實在沒有多的預算買酒，最好先和對方講清楚。同樣地，若你去一間高級酒莊（城堡）參觀但沒有打算買酒，也要先告知對方。如果不買酒，有些酒莊會請客人另外支付品酒的費用。

水平或垂直品酒

所謂的「水平試飲」，是品嚐多種款式（品種、釀造法）、但都來自同一年份及同一間酒莊的葡萄酒。參觀酒莊時，最常見的品酒方式就是水平試飲。這也是了解一間酒莊的葡萄酒最好的一種方式。

「垂直品酒」就比較少見，意指品嚐不同年份的同一個酒款。有些擁有陳年葡萄酒庫存的酒莊，會同時銷售幾個不同年份的葡萄酒。若想觀察氣候及時間（熟成）對葡萄酒帶來的影響，這也不失為一種好方法。

 參觀葡萄園和酒窖的潛規則

酒莊參觀需要事先預約：大型酒商的酒莊和釀酒合作社平時是對外開放的，不需要預約也可以進去參觀，但小酒農的酒莊不會接受無預約的訪客。此外，葡萄採收季是最不適合拜訪酒莊的時機。

葡萄酒專賣店

一間好的葡萄酒專賣店一定對酒充滿了熱情，而且通常很健談。對葡萄酒愛好者來說，這是認識葡萄酒非常重要的管道。店家會用引導的方式，一瓶接著一瓶，帶領愛好者探索葡萄酒，鼓勵他們勇於嘗試從未嘗試過的葡萄酒，為他們開啟充滿驚喜的探索之門。

連鎖專賣店

　　大型連鎖專賣店，例如 Nicolas 和 Le Repaire de Bacchus，店內的酒款都是從總公司的葡萄酒型錄上挑選出來的。他們會根據客戶需求來挑選葡萄酒。雖然比起獨立專賣店，連鎖店的選酒大多屬於保守款和經典款，但一般來說，店內一定可以找到能滿足顧客需求的酒。

獨立專賣店

　　店家會親自到各個酒莊品嚐葡萄酒，有時也會在店裡接待酒農、挑選酒款並且議價。根據店主的想法和喜好，獨立專賣店可能會引進受大眾喜愛的或必備款的葡萄酒、當地獨有的品種葡萄酒或不知名的法定產區葡萄酒、迷人的地區餐酒、有機葡萄酒……好的葡萄酒專賣店不能只會推薦經典酒款，而且還要能令人驚艷。

好的葡萄酒專賣店

▸ 若你已經說明購酒預算，店員不會想盡辦法說服你買最貴的酒，而是要能配合你的預算建議合適的酒款。

▸ 當你請他介紹葡萄酒時，不只是唸出酒標上的資訊，而是要能說出生產者的名字，甚至最好能介紹葡萄園的背景。

▸ 樂意和你分享他對葡萄酒的想法、他個人的喜好和他喝的酒。

▸ 店裡會賣一些好喝的薄酒萊、蜜思卡得（Muscadet）、麗絲玲（riesling）和外國葡萄酒，絕不會因為這些酒的名聲不夠響亮而嫌棄它們，因為每個產區一定都會存在美妙的葡萄酒！

葡萄酒市集

你擁有探險家的靈魂嗎?不妨去葡萄酒市集逛逛吧!葡萄酒市集活動已有三十多年歷史,最初是由法國某大型量販店所發起,其活動收益可高達賣場整年度營業額的一半以上。

運作方式

在法國,這個活動一年舉辦兩次,分別在春天和秋天舉行,每次都差不多持續二週時間。九月的葡萄酒市集比較有趣,新釀好的葡萄酒才剛完成裝瓶,而對大型量販店業者來說,這是促銷葡萄酒庫存最好的時機,因為新年份的葡萄酒馬上又要進貨了。此外,各家賣場間的競爭非常激烈,在市集上幾乎已經把各自的利潤降到最低。可以肯定的是,在市集活動期間,消費者一定可以買到便宜又划算的葡萄酒!

只想隨意晃晃?

你可以先買幾瓶看板或傳單上推薦的葡萄酒來品嚐,若是喜歡,再回去多買一些你最中意的葡萄酒。

事先做功課

要好好探險,當然得準備好基本工具!通常媒體都會做專題報導,你輕易就能從網路上找到各個市集的葡萄酒比較,以及如何制定最佳購買策略的建議。若有發現活動期間才有販售的葡萄酒,這些很有可能只是前一年賣不掉的冬季庫存。無論如何,重點是:出手之前務必先做足功課。

特別優惠促銷

特別的促銷活動通常都辦在第一天⋯⋯或是市場開幕的前一晚,前提是你得受邀參加開幕晚會。想參加晚會並不難,一般來說只要向賣場負責人示意,就可獲得邀請。切記要眼明手快!因為在這分秒必爭的關鍵時刻,葡萄酒可是一下子就會銷售一空的。

上網買酒

線上購物的時代早已來臨，自 2007 年起，葡萄酒在網路上的銷售業績平均年成長 33%。有些網路商家關閉，有些則異軍突起。法國有三百二十五家線上葡萄酒銷售商店，其中每年有 7% 的商家倒閉，隨後立刻被新的商家取代。我們要如何判斷哪些網站是可靠的呢？

判斷標準

商品描述：

線上購物最為人非議的，就是商品資訊不足且無法諮詢。如果你找到的網站能將葡萄酒的特色及香氣描述得非常詳盡，甚至有品質介紹，包括法定產區名稱、葡萄品種比例、酒精濃度等，表示這是一個優良的線上購酒網站。相反的，如果什麼資訊都寫不清楚，這樣的網站實在令人懷疑。

實用資訊：

葡萄酒的儲存環境其實非常重要，但人們經常忽略它。如果網站上完全沒有說明這部分，最好不要在這裡購買陳年的葡萄酒。另外要注意的是宅配費用、時間、運送方式等，這些都應該清楚說明，不要只是用很迷你的小字列在買賣條件中。

真假促銷：

劃掉原價、放大「特惠價」，是市場上常見的行銷手法。但這真的已經是最划算的價格了嗎？你可以上專業的葡萄酒網站比價，例如 WineDecider 或 WineSearcher。如果你不太在意酒標是否美觀，有個省錢的妙招：尋找那些因酒標污損而降價出售的葡萄酒。

出售酒款：

最好先確認網站上的酒款是否已有現貨可以銷售。有太多這樣的例子，商家在網站上出售他們尚未收到貨的期酒*，但最後卻說沒貨。而真正蒙受損失的，是坐在螢幕前那些已經下了訂單、滿心期待的買家。

幾個經典的線上葡萄酒網站

可靠的酒商：Vigneron independant、Vinatis、Chateaunet、Millesima
私人葡萄酒銷售網：Ventealapropriete、1Jour1Vin、Vente-privee
葡萄酒拍賣：IDealWine
葡萄酒包裹會員：Trois Fois Vin、Amicalement vin、Le Petit Ballon
葡萄酒專賣店網站：Savour Club、Lavinia、Legrand Filles et Fils、Nicolas

＊編註：期酒是購買酒的一種方法，讓消費者有機會趁著酒還在木桶裡時，預先購買特定的葡萄酒。

葡萄酒指南

為了替葡萄酒的愛好者提供選擇的指引，書店的架上充斥著大量選購葡萄酒的專業指南。你可以依據個人的喜好與判斷來選擇。

葡萄酒指南的作用是？

購買前

選擇最符合你需求和喜好的葡萄產區和法定產區。

策劃葡萄園之旅，在前往某地區之前了解情況。

發掘人氣攀升的葡萄酒。

購買葡萄酒的參考……只要指南的清單不會過於冗長。

比較標價和建議價格（注意，指南中的價格往往指的是從酒莊購入的價格，因此會低於酒商或餐廳的價格）。

購買後

將你的品嚐印象與獨立專業人士的意見進行比較。

查找酒莊的聯繫方式以訂購葡萄酒，或了解同一生產商的其他特釀。

指南應分為三種

 由品酒師評委會編寫的指南。記者、葡萄酒工藝學家、侍酒師、生產商齊聚一堂，盲飲葡萄酒，集體寫下評注，並集體抄錄品酒評論。

 指南是由極少數的人所編寫，並冠上共同的知名名稱。這些指南會附上品酒師的簽名，以及獨特的選擇和假設的選擇。

 指南作者喜愛的酒農肖像收藏，酒評只是附加說明。

Château Grandvin

✉ Route de Grandvin
Grandvin, France
☎ 00 75 37 53 75
@ grandvin@grandvin.fr

Bordeaux supérieur

2015

指南中可找到什麼？

至少必須包含：酒莊名稱及其聯繫方式；按產區分類的葡萄酒；對葡萄酒和酒莊的評論；葡萄酒的價格；品嚐的葡萄酒年份，以及指南的出版年份。這很重要，因為葡萄酒被列為精選，通常來自特定時期的品嚐體驗。

指南的替代品

可從網路上（酒莊網站、社交網絡、論壇、部落格）搜尋到出色的指南替代品。這需要更多的研究時間，但有時可取得非常完整的結果。

ROBERT PARKER

羅伯特‧派克

(1947 —)

羅伯特‧派克是世上最知名的品酒師和評論家。美國出身的他具有極大的影響力,長久以來一直主導著優質葡萄酒的市場價格。部分生產商甚至為了取悅他而改變葡萄酒的口味。

羅伯特‧派克在二十多歲時開始探索葡萄酒。當時他還是一名律師,而他全新職涯的第一個里程碑是他從 1978 年開始發行的通訊《葡萄酒倡導者》(The Wine Advocate)。他在這本通訊當中,寫下了他的品酒報告。

1982 年,他的知名度激增:在品鑑波爾多期酒期間,面對數十位評論家,他是唯一一個認為該年份很出色,並肯定這是非凡年份的人。後來證明,他是對的。從這時開始,他滿分 100 分的著名評分制度,成了評判葡萄酒無可爭議的基準。經羅伯特‧派克評分為 90 分以上(滿分為 100 分)的葡萄酒,就相當於保障該酒莊的全系列產品都能順利銷售一空。

在羅伯特‧派克的職業生涯中,他曾多次強調他特別喜歡的地區:波爾多、教皇新堡,以及隆河、隆格多克或普羅旺斯等地的明星酒莊。從那時起,部分酒農毫不猶豫地對他們的葡萄酒進行「派克化」,也就是說,即使風土並不適合,他們還是要釀造這樣的「派克口味」。這些酒經常被諷刺為:太濃厚、木香過重。所幸這樣的偏差行為,後來已明顯減少。

無與倫比的品酒天賦讓羅伯特‧派克為他的鼻子投保了 100 萬美元。他於 2012 年退休,但他的觀點仍難以取代。

建立自己的酒窖

什麼地方？多少預算？

只需要一瓶葡萄酒，你就可以開始建立自己的酒窖。酒窖的規模取決於你的預算，以及存放葡萄酒的地點。最理想的情況，當然是擁有一整套可以完美應付各種場合與需求的葡萄酒收藏。

二至五瓶酒
買幾瓶適合日常小酌的白酒和紅酒，可當作開胃酒，也可應付臨時的晚餐聚會。選擇一些果香味豐富、喝起來輕鬆愉悅的葡萄酒，例如幾瓶羅亞爾河和隆格多克的紅酒、一瓶夏布利（Chablis）和一瓶普羅旺斯白酒。可追加一瓶氣泡酒、香檳或高級氣泡酒（crémant），遇上特別的時刻可以開來慶祝。
預算：5-12 歐元 / 瓶

五至十瓶酒
想讓酒窖更豐富的話，添購一瓶甜酒，可用來搭配甜點，在某個週日下午與三五好友吃蛋糕時一起享用。另外再準備一瓶天然甜葡萄酒（或波特酒、或麗維薩特 - 蜜思嘉），適合當作晚宴的完美句點，或是和喜好甜酒的朋友們分享。選一、兩瓶適合夏天飲用的粉紅酒備用。最後，記得買瓶高級一點的紅酒和白酒，可選個名氣響亮的法定產區葡萄酒，例如玻美侯（Pomerol）或聖愛美濃（Saint-Émilion）的紅酒，和梅索（Meursault）的白酒。這種葡萄酒具備陳年的潛力，你可以留待某些特別的時刻再來慶祝，例如生日派對、求愛告白、久別重逢的聚會……
預算：5-20 歐元 / 瓶

 不要花太多錢！

不論你的銀行帳戶裡有多少錢，絕對不要以「人生揮霍一次」為藉口，花超過你能力範圍的金額去買酒，因為你不會有勇氣去打開這瓶「揮霍酒」。就算哪一天你決定開來喝了，過高的期待反而可能令你大失所望。此外，昂貴的葡萄酒通常需要長時間熟成，若你沒有給它一個良好的儲藏環境，只會毀了這瓶酒，到最後什麼都不剩。

十至三十瓶酒

來，讓你的葡萄酒收藏更多樣化吧！多選擇一些來自不同地區，甚至不同國家的葡萄酒，重點是，要帶有不同口感和多一些香氣，比如鮮活且輕盈、細緻且豐富、濃郁且帶香料味、絲滑且強勁……如此一來，不論搭配什麼餐點，或者不管什麼心情，你的酒窖裡一定可以找到一瓶合適的葡萄酒。別忘了順便蒐集一些奇特的酒，比方說以稀有的葡萄品種釀製，或是特別產區的酒。如果是有故事的酒，或者是自然動力農法製造的葡萄酒，也很值得收藏。

預算：5 至 25 歐元 / 瓶

超過三十瓶酒

喜歡的葡萄酒一次買個三瓶或六瓶。這樣做可以讓你更了解時間對葡萄酒的影響。品嚐放置六個月、一年、兩年，甚至更長時間的葡萄酒，你會發現它在味道上的改變與演化。

開始對「年份」有興趣：
到這個階段時，你肯定已經有幾個特別欣賞的酒莊，並且會固定去酒莊走走。每年都買幾瓶這些酒莊的葡萄酒來品嚐，你會漸漸發現年份對葡萄酒的影響。

辨別用來陳年的葡萄酒：
把年輕適飲的葡萄酒和需要陳年的葡萄酒分開擺放，因為前者消耗和輪轉的速度都很快，而後者則往往要等待數年（有時甚至超過十年）後才適飲。建議你應該持續且規律地買酒，這樣你的手邊才會隨時有新鮮年輕的葡萄酒、成熟適飲的葡萄酒，以及陳年年份的葡萄酒。

預算：無上限

葡萄酒的儲存條件

儲存環境多少會影響到葡萄酒的熟成速度,例如以 18℃ 保存的葡萄酒,熟化速度一定比置於 12℃ 的酒還要快。然而,就和人類的成長一樣,慢慢熟成的葡萄酒品質較佳。

葡萄酒的理想儲存環境必須符合以下幾個原則:

水平擺放:
葡萄酒應該水平擺放,尤其是軟木塞封瓶的葡萄酒,這樣液體才能接觸到軟木塞,使它保持濕潤和密封性。

溫度:對預計陳放數十年的葡萄酒來說,理想的儲存溫度應該是 11-14℃。但大部分的葡萄酒在 6-18℃ 的儲存條件下放置數年也不會有太大問題。葡萄酒熟成會因冷而緩慢、熱而加速。在地窖裡,緩慢而自然的季節變化節奏,讓葡萄酒可以和諧的熟成。一定要避免溫度劇烈變化,因為這樣會破壞葡萄酒的品質!靠近暖氣、烤箱或其他任何熱源,都會加速破壞的程度。

濕度:濕度很重要!若空氣太乾,酒塞也會因此而變得乾燥,空氣就會慢慢一點一點地穿透過去。最好的濕度條件大約是在 75-90%。唯一的風險是當濕度過高,軟木塞會發霉、酒標會掉下來,但這種情況非常少見。

光線:光線對葡萄酒非常不利。過量的光線會破壞葡萄酒的顏色和香氣,應該將酒置於陰暗的地方保存,例如櫥櫃或樓梯間,甚至簡單添一塊蓋布都能發揮作用。

靜置:就像我們在睡覺時一樣,葡萄酒也需要安靜。撞擊和震動會打碎分子和擾亂香氣,這就是為何我們不會將酒窖建於地鐵隧道之上,或把酒擺在洗衣機上方。

無異味:空氣中的異味會穿過軟木塞。有蒜頭味、漂白水味、臭抹布味的空間,或放置燃油的倉庫,都不是儲存葡萄酒的理想環境。就算是潮濕的紙箱,若放置的時間太久,那潮味也會影響葡萄酒的香氣。

讓葡萄酒陳年

在做這件事之前，應該先提出一個問題：這瓶酒需要陳年嗎？要回答這個問題，得先知道這瓶酒的適飲年份。並非所有的葡萄酒都是為了陳年而釀造的，而這個問題最主要的目的，當然是在葡萄酒的風味達到顛峰的時刻享用它。只要能掌握最佳品嚐時機，無論是兩年或二十年的酒，都能讓你體會到葡萄酒的奧妙。

可趁早享用的葡萄酒

多數價格較便宜的葡萄酒、氣泡酒、白酒、粉紅酒、質淡且單寧少的紅酒。也就是說，大部分我們會購買的葡萄酒都屬此類。品嚐這類型的葡萄酒，就是要欣賞它們新鮮又奔放的豐富果香味，放來陳年是沒有意義的。

通常來說，以白皮諾、維歐涅、蘇維濃、加美等葡萄釀製的酒，都較適合趁早飲用。但當然也有例外，若一瓶酒的口感夠強勁，也可試著放個幾年再喝，說不定會有意外的驚喜。

可陳年品嚐的葡萄酒

通常都是那些最珍貴、價值不菲的葡萄酒。太早飲用，其味道過於強勁，需要時間讓它熟成，綻放出最豐富和諧的味道表現。

以紅酒來說，優質的波爾多、勃根地、艾米達吉（Hermitage）、教皇新堡（Châteauneufs-du-Pape）、馬第宏（Madiran）、西班牙的普里奧拉和斗羅河岸、義大利的巴羅洛和巴巴瑞斯科、葡萄牙的波特酒（Porto），還有阿根廷、加州和澳洲的好酒。白酒方面，羅亞爾河和南非的干型和甜型白梢楠（Chenin）、好的勃根地、德國的干型和甜型麗絲玲（Riesling）、索甸區（Sauternes）的甜酒、匈牙利的托凱甜酒（Tokaji）和義大利的蜜思嘉（muscat）。

怎麼知道葡萄酒是否需要陳年？

向他人諮詢：詢問購買店家或酒農、看酒背標籤說明、上網查資料……

葡萄酒在酒瓶中如何熟成？

氧氣，就是讓葡萄酒熟成的原因。

在酒瓶裡一定會有少許空氣殘留，這些小小的氣泡已足夠讓葡萄酒慢慢熟成，直到它的狀態到達顛峰，然後再慢慢走下坡。若讓酒瓶水平擺放，則空氣與酒接觸的面積更大，將會更有利於熟成。這是另一個我們應該讓葡萄酒平躺的理由。

Ⓝ Ⓟ Ⓑ **酒瓶中的空氣**

雖然標準酒瓶和兩瓶裝分量的酒瓶容量相差一倍，但兩者裝瓶時殘留的空氣量卻是一樣的。這就是為什麼兩瓶裝的葡萄酒熟成速度比標準瓶更慢、更耐久存，而且平均算起來，大瓶的酒總是比標準瓶的酒還要貴一點。

直接品嚐：
如果你有買兩瓶以上的同款葡萄酒，不妨打開一瓶來喝。
味道嚐起來如何？閉鎖、生硬、濃厚，沒有很多香氣？很明顯地，這支葡萄酒在生氣，因為它太早被你叫醒了，你應該要再等一下。
如果紅酒喝起來很強勁，酸度和單寧都很重？耐心多等幾年後再品嚐它吧！

布置酒窖

小公寓

可以把酒放在櫥櫃、儲藏室、抽屜，如果你家有封起來不用的壁爐，也可以放在那裡，因為裡面的空氣通常比較陰涼。無論你把酒放在哪裡，重點是，一定要讓酒平躺、置於陰涼處，並且遠離熱源。如果你有置酒架，小心不要放在會被陽光照到的地方。

大公寓或獨棟房子

你口袋裡有點錢，有很多葡萄酒，但沒有酒窖？買一個電子酒窖機吧！電子酒窖機有各種大小（根據型號不同，可放十二至三百瓶酒），恆溫控濕又防光害，會是很棒的選擇。酒窖機有三種：一般冷藏型，適合保存葡萄酒幾個月的時間；恆溫型，比較昂貴，但可維持 12℃恆溫；多重分溫型，可分層控置溫度。酒農建議每三個月可將酒窖機的溫度調整 2-3℃，模擬大自然季節變化的循環。

獨棟房子

你有一大筆預算，也立志要收藏葡萄酒，但沒有酒窖？可以考慮自己蓋一個，整理一個專門儲酒的房間，不能有窗戶（或把窗戶封閉），做好隔熱保護措施，加裝空調設備，再放一桶水替代加濕器……最後，選一扇堅固的門及一副好鎖。你也可以請專門設計酒窖的建設公司代勞，建一個圓柱型地下酒窖，包含整體酒櫃設計，結合中央旋轉樓梯……這樣的酒窖可以容納五百至五千瓶葡萄酒。

你已經有酒窖了？

你真是個幸運的人！如果你的酒窖是地底式的、牆壁很厚、以古老石材建造，而且上頭的地面結實，這就是最理想的酒窖。若是現代設計、水泥建造、室內溫度很高，你可考慮加裝隔熱措施或空調機。若是這樣的話，以最節能的方式計算，你可以在每立方公尺的空間內存放一百五十瓶葡萄酒；或你能充分利用空間，將牆面和天花板都擺滿葡萄酒，且只留下足夠寬的走道，那麼四平方公尺的酒窖大約可存放一千兩百瓶葡萄酒。

如何存放葡萄酒？

可堆疊式酒架：
可放六瓶或十二瓶葡萄酒，塑膠或金屬材質，可單獨購買，也可互相堆疊（但堆疊過高容易傾倒），依個人需求調整使用方法。

固定式酒架：
固定於牆上，較耐用且保護性佳。你也可以自己動手量身定做，或使用專門置酒的層板來做酒架。

原裝木箱：
如果環境不會太潮濕，美麗的木箱會是很好的選擇；但若環境過於潮濕，小心木箱可能會發霉，進而使軟木塞感染上黴菌。

如何整理葡萄酒？

依產地：最傳統的整理方式，你可以快速依產地風格找到想要的葡萄酒。

依年份：簡單明瞭，可將必須在兩年內喝完的酒和準備陳年的酒分開擺放。

依優先順序：將打算盡快喝掉的酒放在最容易拿到的位置，預備多放幾年的酒則放在比較難拿取的位置，例如後方、底層、靠近天花板處。

酒窖目錄
這是所有喜愛收藏葡萄酒的人不可或缺的工具。

裡頭可記錄：原產地、年份、酒莊或生產者名稱，購買的地點、價格、日期及數量（每次開瓶後再重新更正），以及擺放的位置。目錄應該要能幫助我們立刻找到需要的葡萄，為此我們可以將酒架做記號和編碼，例如勃根地酒是 B4、隆格多克是 B5、得趁年輕飲用的波爾多是 C1……

酒瓶的由來

葡萄酒瓶的歷史

    1632 年，英國人設計了用來裝葡萄酒的有色玻璃瓶。即使自己不釀酒，也可以購買這樣的酒瓶並帶著去旅行！酒瓶的規格在十八世紀逐漸確立：法國國王路易十五正式批准葡萄酒裝瓶運輸，首先是香檳（1728 年），然後是勃根地（1750 年）。波爾多在酒瓶上的應用則是自行普及。難怪酒瓶徹底取代了雙耳瓶和木桶：更方便運送（即使較易碎）、更輕、更美觀，而且也更利於保存，具有滿滿的優勢。事實上，自古就有玻璃酒瓶，但主要用於香水和稀有香精。

0.75 升的原因

也正是因為它的英國血統，標準酒瓶的容量為 0.75 升：當時，英國人使用加侖作為計量單位。一桶酒有 225 升，或約 50 加侖……或 300 瓶 750 毫升的酒！

因此，一加侖相當於六瓶的葡萄酒。這也是為何一般都是一箱裝六瓶葡萄酒的原因。這是 1866 年官方規定的容量。

形狀部分

波爾多瓶出現於 1723 年左右，形狀至今幾乎沒有改變。這是世界上最常用的酒瓶形狀，特別是用於烈酒和高級特釀。相反地，大腹便便的勃根地瓶則更適合夏多內。

小字彙：

「piquette」（皮給酒）：今日用來指稱劣等葡萄酒的用語。事實上，piquette 是一種酒精濃度不高的葡萄酒，製作過程很特別：壓榨前在葡萄渣中加入水所製成。因此，水混合了色素、香氣和酒精，形成這種清淡的葡萄酒，中世紀時期經常在等待葡萄酒釀好時飲用。

行家的話

「葡萄酒開了就要喝。」
中世紀諺語

「葡萄酒是
太陽與大地之子。」
作家保羅‧克洛岱爾
（Paul Claudel）

「我看酒單，
以免塞車無聊。」
幽默作家雷蒙‧德瓦斯
（Raymond Devos）

「葡萄酒的歷史不就是
世界史？」
羅馬寓言家拔勃利烏斯
（Babrius）

「沒有葡萄酒的日子就是
沒有陽光的日子。」
普羅旺斯諺語

「葡萄酒是大地之歌。」
日本作家開高健

「比起上天堂，
我更想喝人間的酒。」
幽默作家兼演員
弗朗西斯‧布朗什
（Francis Blanche）

「飲用葡萄酒
就像是喝下葡萄的精神。」
詩人夏爾‧波特萊爾
（Charles Beaudelaire）

「沒有葡萄酒就沒有愛。」
希臘作家尤里比底斯
（Euripides）

「上帝創造了水，
但是人釀造了葡萄酒。」
作家維克多‧雨果
（Victor Hugo）

「一瓶葡萄酒裡的哲學
比世界上的書還多。」
科學家路易‧巴斯德
（Louis Pasteur）

「沒有高貴的人會討厭
美味的葡萄酒。」
作家弗朗索瓦‧拉伯雷
（François Rabelais）

「真相就在葡萄酒中。」
老普林尼

時光流逝，葡萄酒流進了酒杯。茱莉葉、古斯塔夫、艾多、凱洛琳、橘兒和保羅總是很開心能舉辦以美酒為主題的聚會，但現在他們的所知，已經比剛開始探索這個廣闊的葡萄世界時，要多得多。

那你呢？讀完這本書後的你已經到什麼樣的程度？後面幾頁讓你有機會確認自己的知識和進步……或了解自己小小的不足之處。

在這六位朋友向我們道別之前，他們還有一個訊息，且或許是最重要的訊息，要傳達給我們：理論只有付諸實踐才有用。有經驗的品酒師不會滿足於一本書和先天的天賦。他會大量品酒、犯錯、自我質疑，然後再繼續品酒。法定產區的地理地圖永遠不會像有丘陵、谷地、山麓和水道的葡萄園景觀那麼美麗。要了解葡萄園，就必須親自走訪，用手指感受葉片、擠壓葡萄的果肉。要建造一個漂亮的酒窖，一個具有你個人特色並讓你引以為豪的酒窖，一個能為晚餐提供完美葡萄酒的酒窖，這需要時間、機遇、無數讓你為之怦然心動的時刻，或者，有時是失望的體驗。探索葡萄酒之旅就像一場冒險，而沒有任何冒險是直線發生的。這本書的目的，是要幫助你，為你提供指引，但它永遠也無法取代你的嘴。請善用這本指南，我們祝你玩得開心。

AU TABLEAU !

葡萄酒小測驗

$$\frac{10}{10}$$

JULIETTE

茱莉葉開派對

① 若要正確開一瓶香檳……
A｜應該要搖一搖
B｜只要拔出木塞即可
C｜應輕敲瓶頸
D｜應握著瓶頸轉動酒瓶

② 品酒杯應裝至幾分滿……
A｜四分之三滿
B｜五分之一滿
C｜三分之一滿
D｜滿滿一杯

③ 若要去除衣服上的紅酒漬……
A｜應倒上白酒
B｜必須使用橡皮擦
C｜應塗上奶油
D｜應用微波爐加熱衣服

④ 冷對葡萄酒的影響……
A｜可帶出變化的香氣
B｜讓酒精更加突出
C｜使單寧更明顯
D｜讓顏色變淡

⑤ 關於葡萄酒的醒酒……
A｜沒有用處
B｜替年輕的酒換瓶，幫老酒醒酒
C｜替年輕的酒醒酒，幫老酒換瓶
D｜我們會為陳年葡萄酒選擇腹部寬大扁平的醒酒瓶

⑥ 經典的品酒順序……
A｜從最濃郁到最清淡
B｜從最清淡到最濃郁
C｜從最甜到最不甜
D｜從最油到最酸

⑦ 如何適當保存已開封的葡萄酒……
A｜最好盡量喝光
B｜最好放在太陽下
C｜最好放入一根湯匙
D｜最好再將瓶口塞緊

⑧ 白酒必須在什麼樣的溫度下品嚐？
A｜5 到 8℃之間
B｜8 到 13℃之間
C｜13 到 15℃之間
D｜在 15 到 18℃之間

⑨ 若要避免宿醉……
A｜應多喝水
B｜要吃辣
C｜要喝檸檬汁
D｜應和木柴一起睡

⑩ 法語的碰杯敬酒……
A｜Yamas!
B｜Santé!
C｜Prost!
D｜Manuia!

答案：1｜D；2｜C；3｜A；4｜C；5｜C；6｜B；7｜D；8｜B；9｜A；10｜B

GUSTAVE

古斯塔夫學品酒

1 帶有紫色光澤的紅酒……
A｜是陳年的葡萄酒
B｜是年輕的葡萄酒
C｜是造假的葡萄酒
D｜是劣質葡萄酒

2 粉紅酒的顏色……
A｜年輕的酒顏色較深
B｜視白酒的量而定
C｜取決於葡萄酒的品質
D｜取決於酒農的意願

3 玻璃杯上的酒淚代表……
A｜酒農很鬱悶
B｜陳年葡萄酒
C｜葡萄酒的酒精含量
D｜葡萄酒的價格

4 若要好好聞葡萄酒的氣味……
A｜要深呼吸
B｜要像狗一樣嗅聞
C｜不要動酒杯
D｜把鼻子泡在酒裡

5 葡萄酒的酸……
A｜不可或缺
B｜是缺陷
C｜是陳年的象徵
D｜是年輕的象徵

6 第三階段的香氣……
A｜會在吞咽時感受到
B｜是第三杯酒會聞到的味道
C｜來自陳年葡萄酒
D｜是虛構的

7 單寧……
A｜令人口乾舌燥
B｜可潤滑舌頭
C｜讓舌頭有燒灼感
D｜會麻痺舌頭

8 杯中氣泡酒的氣泡數量……
A｜取決於生產地區
B｜視顏色而定
C｜取決於溫度
D｜取決於酒杯的清潔度

9 遇到以下哪種狀況不必大驚小怪？
A｜葡萄酒有軟木塞味
B｜葡萄酒有爛蘋果味
C｜葡萄酒有溶劑味
D｜葡萄酒有花椰菜味

10 葡萄酒的 pH 值……
A｜介於 3 和 4 之間
B｜介於 5 到 6 之間
C｜介於 6 到 7 之間
D｜介於 7 到 8 之間

答案：1｜B；2｜D；3｜C；4｜B；5｜A；6｜C；7｜A；8｜D；9｜D；10｜A

HECTOR

艾多種葡萄

1 葡萄品種指的是……
A｜葡萄種植區
B｜葡萄酒的種類
C｜葡萄的品種
D｜生產年份

2 杯式葡萄枝蔓修剪法……
A｜廣泛分佈於寒冷的葡萄園
B｜廣泛分佈於溫暖的葡萄園
C｜需要綁枝
D｜可儲存水份

3 晚摘葡萄是用來保留給……
A｜甜酒
B｜單寧味重的葡萄酒
C｜低價葡萄酒
D｜遲到的葡萄採收者

4 香檳和氣泡酒的氣泡產生方式……
A｜在瓶中注入氣體
B｜在瓶中進行新的發酵
C｜在瓶中完成發酵
D｜在瓶中放吸管

5 梢楠是……
A｜粉紅葡萄
B｜白葡萄
C｜帶有咖啡和巧克力香的葡萄
D｜生長在道路以外的葡萄

6 轉色期是……
A｜葡萄花開的時期
B｜花中形成葡萄果實的時期
C｜葡萄變色的時期
D｜過熟葡萄落地的時期

7 乳酸發酵
A｜是白酒專用的發酵過程
B｜是牛奶的發酵
C｜是太好笑的發酵方式
D｜是紅酒常見的發酵方式

8 添桶時……
A｜會損害葡萄酒
B｜會攪拌酒槽裡的酒
C｜會往桶裡添加酒
D｜會將酒桶裡的酒倒空

9 白粉病是……
A｜葡萄樹的疾病
B｜葡萄的加工方式
C｜生活在地下的昆蟲
D｜整串葡萄的形狀

10 天然甜酒這種葡萄酒……
A｜會自然停止發酵
B｜不含硫
C｜酒精含量極低
D｜會添加酒精

答案：1｜C；2｜B；3｜A；4｜B；5｜B；6｜C；7｜D；8｜C；9｜A；10｜D

CAROLINE

卡洛琳參觀酒莊

1 底層土的黏土會形成……
A｜厚重的葡萄酒
B｜輕薄的葡萄酒
C｜煙燻葡萄酒
D｜紅酒

2 梅索是哪裡的法定產區……
A｜勃根地
B｜隆河
C｜薄酒萊
D｜波爾多

3 勃根地極為常見的葡萄品種……
A｜灰皮諾
B｜榭密雍
C｜夏多內
D｜格那希

4 索甸是哪裡的法定產區 ……
A｜波爾多
B｜勃根地
C｜薄酒萊
D｜普羅旺斯

5 位於波爾多右岸的法定產區……
A｜弗朗薩克
B｜貝沙克 - 雷奧良
C｜梅多克
D｜密內瓦

6 製作香檳大約需要……
A｜0.9 公斤的葡萄
B｜1.2 公斤的葡萄
C｜1.5 公斤的葡萄
D｜2.3 公斤的葡萄

7 高比耶是哪裡的法定產區？
A｜法國西南地區
B｜隆格多克
C｜羅亞爾河
D｜隆河

8 寫了很多關於葡萄酒的文章的是……
A｜老普林尼
B｜小普林尼
C｜西塞羅
D｜塔西佗

9 阿根廷非常常見的葡萄品種是……
A｜國產杜麗佳
B｜馬爾貝克
C｜夏斯拉
D｜阿里哥蝶

10 葡萄酒的發源國是……
A｜義大利
B｜法國
C｜葡萄牙
D｜伊朗

答案：1｜A．2｜A．3｜C．4｜A．5｜A．6｜B．7｜B．8｜A．9｜B．10｜D

CLÉMENTINE

橘兒成為見習侍酒師

1 氣味和味道相近的葡萄酒和菜餚之間的搭配稱為……
A｜和諧搭配
B｜整合搭配
C｜融合搭配
D｜同化搭配

2 成功搭配餐酒的最簡單方法是……
A｜顏色一致
B｜價格一致
C｜形狀一致
D｜喝水

3 有效的大膽組合……
A｜甜酒搭配辣味泰式料理
B｜甜酒搭配披薩
C｜甜酒搭配酸菜香腸鍋
D｜甜酒搭配沙拉

4 會使葡萄酒變質的是……
A｜油脂
B｜油醋醬
C｜洛克福乳酪
D｜柳橙

5 在品嚐天然甜酒時，可大膽搭配……
A｜綠色蔬菜
B｜地面獵物
C｜油性魚類
D｜圓柱狀山羊乳酪（crottin de chèvre）

6 飽滿白酒的經典搭配……
A｜韃靼生牛肉
B｜義式野菇燉飯
C｜酸菜香腸鍋
D｜燉野豬

7 梅洛這種葡萄品種比較會釀製出……
A｜飽滿白酒
B｜清淡紅酒
C｜圓潤紅酒
D｜飽滿紅酒

8 活潑白酒很適合搭配……
A｜白魚類、牛肉
B｜白魚類、蝦、蔬菜
C｜雞肉、菇類、烤龍蝦
D｜香料、鴨肉、洛克福乳酪

9 搭配鴨胸肉最好選擇……
A｜芳香白酒
B｜粉紅酒
C｜圓潤紅酒
D｜超甜型葡萄酒

10 班努斯屬於哪一類的葡萄酒？
A｜芳香白酒
B｜粉紅酒
C｜超甜型白酒
D｜天然甜酒

答案：1｜C；2｜A；3｜A；4｜B；5｜B；6｜B；7｜C；8｜B；9｜C；10｜D

PAUL

保羅買葡萄酒

1 如果你的酒有軟木塞味，侍酒師……
A｜是罪魁禍首
B｜應該要換一瓶
C｜必須品嚐才能確認你的評價
D｜也無計可施

2 水平品酒的意思是……
A｜品酒後躺平
B｜選擇長時間平放的酒
C｜品嚐同一年份的幾種特釀
D｜品嚐來源相同的不同年份葡萄酒

3 羅伯特·派克著名的評分制度滿分是……
A｜5 分
B｜10 分
C｜20 分
D｜100 分

4 「優質波爾多酒」的酒標……
A｜沒有任何意義
B｜對應 1855 年的分級制度
C｜是根據規範做出的定義
D｜取決於法定產區

5 酒瓶上必須註明……
A｜年份
B｜裝瓶地點
C｜葡萄品種
D｜酒莊名稱

6 餐廳的酒杯可容納……
A｜80 毫升的葡萄酒
B｜120 毫升的葡萄酒
C｜150 毫升的葡萄酒
D｜180 毫升的葡萄酒

7 葡萄酒可存放在……
A｜任何地方
B｜洗衣機上
C｜浴室裡
D｜壁爐裡

8 酒瓶必須平放……
A｜因為躺著睡得更好
B｜因為溫度更能平均分佈
C｜因為軟木塞能保持濕潤
D｜因為可陳釀得更均勻

9 經典酒瓶的容量為 0.75 升……
A｜因為批發商喜歡數學
B｜因為是英國人發明的
C｜和吹玻璃工人的肺活量有關
D｜因為較方便堆疊

10 「上帝創造了水，但是人釀造了葡萄酒。」這句話是誰說的？
A｜雷蒙·德瓦斯
B｜尤里比底斯
C｜路易·巴斯德
D｜維克多·雨果

解答：1｜B；2｜C；3｜D；4｜A；5｜A；6｜B；7｜D；8｜C；9｜B；10｜D

章節索引

茱莉葉開派對

古斯塔夫學品酒

艾多種葡萄

卡洛琳參觀酒莊

橘兒成為見習侍酒師

保羅買葡萄酒

名詞索引

白葡萄品種

Aligoté / 阿里哥蝶

Altesse / 阿爾迪斯（薩瓦地區）

Bergeron / 貝傑宏（「胡姍」的別稱）

Bourboulenc / 布爾朗克

Carmenere / 卡門內

Chardonnay / 夏多內

Chasselas / 夏思拉

Chenin / 白梢楠

Courbu / 古爾布

Gewurztraminer / 格烏茲塔明那

Gros manseng / 大蒙仙

Macabeu / 馬卡貝歐

Marsanne / 馬姍

Mauzac / 莫札克

Melon de Bourgogne / 勃根地香瓜

Muscadelle / 蜜思卡岱勒

Muscat / 蜜思嘉

Muscat d'Alexandrie / 亞歷山大蜜思嘉

Muscat ottonel / 翁東克蜜思嘉

Petit manseng / 小蒙仙

Picpoul / 皮朴爾

Pinot blanc / 白皮諾

Pinot gris / 灰皮諾

Pinot meunier / 皮諾莫尼耶

Riesling / 麗絲玲

Rolle (Vermentino) / 侯爾（在科西嘉稱作「維門替諾」）

Roussane / 胡姍

Sauvignon / 蘇維濃

Savagnin / 莎瓦涅

Sémillon / 榭密雍

Sylvaner / 希爾瓦那

Ugni blanc / 白于尼

Viognier / 維歐涅

紅葡萄品種

Cabernet franc / 卡本內弗朗

Cabernet-sauvignon / 卡本內蘇維濃

Carignan / 卡利濃

Cinsault / 仙梭

Clairette / 克萊雷特

Counoise / 古諾斯

Fer servadou / 費爾塞瓦都

Gamay / 加美

Grenache / 格那希

Malbec / 馬爾貝克

Merlot / 梅洛

Mondeuse / 蒙得斯

Mourvèdre / 慕維得爾

Négrette / 內格瑞特

Nielluccio / 涅露秋

Pinot noir / 黑皮諾

Syrah (Shiraz) / 希哈

Siaccarello / 西亞卡列羅

Tannat / 塔那

Trousseau / 土梭

Vaccarèse / 瓦卡黑斯

Zinfandel / 金芬黛

類型葡萄酒

Auslese / 精選型葡萄酒（德國葡萄酒分類等級之一）

Beaujolais nouveau / 薄酒萊新酒

Blanc de blancs / 白中白，以白葡萄釀造的白（香檳）氣泡酒

Cava / 卡瓦氣泡酒，西班牙

Crémant / 氣泡酒

Mutage des vins doux naturels / 中途抑制發酵的天然甜葡萄酒

法國產區

V

其他

Agriculture biodynamique / 自然動力農法

Agriculture biologique / 有機農法

Agriculture intensive / 集約式耕作法

Agriculture raisonnée / 合理減藥農法

Biodyvin / 自然動力葡萄酒認證

Cordon de Royat / 高登式引枝法

Demeter / 自然動力法認證

Ecocert / 有機認證

Passerillage / 以風乾葡萄釀造甜葡萄酒的方式

Phylloxéra / 葡萄根瘤蚜蟲

Sommelier / 侍酒師

Taille en gobelet / 杯型式引枝法

Taille en Guyot (simple oudouble) / 居由式引枝法

Tanins / 單寧

Terroir / 風土條件

Vendanges de glace / 冰凍葡萄採收

Vendanges tardives / 遲摘葡萄採收

Vin de terroir / 風土葡萄酒

Vin de cépage / 單一品種葡萄酒

Vitis vinifera / 歐亞種釀酒葡萄